心灵鸡汤大全
超值珍藏版

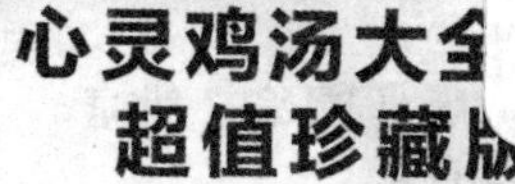

编者◎闫 晶

没有伞的孩子，必须努力奔跑

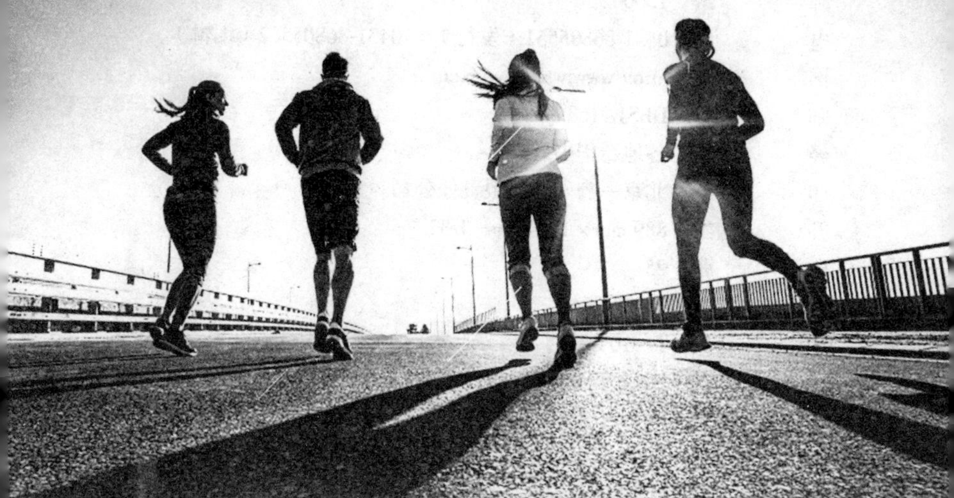

世界图书出版公司

图书在版编目(CIP)数据

心灵鸡汤大全集:超值珍藏版/闫晶编.--北京:世界图书出版公司北京公司,2011.6

ISBN 978-7-5100-3715-3

Ⅰ.①心… Ⅱ.①闫… Ⅲ.①人生哲学—通俗读物 Ⅳ.①B821-49

中国版本图书馆CIP数据核字(2011)第133855号

书　　名　心灵鸡汤大全集:超值珍藏版
(汉语拼音)　XINLING JITANG DAQUANJI: CHAOZHI ZHENCANGBAN
编　　者　闫　晶
总 策 划　吴　迪
责任编辑　刘　煜
装帧设计　天昊书苑
出版发行　世界图书出版公司长春有限公司
地　　址　吉林省长春市春城大街789号
邮　　编　130062
电　　话　0431-86805551(发行)　0431-86805562(编辑)
网　　址　http://www.wpcdb.com.cn
邮　　箱　DBSJ@163.com
经　　销　各地新华书店
印　　刷　北京一鑫印务有限责任公司
开　　本　889 mm × 1194 mm　1/32
印　　张　25
字　　数　519千字
印　　数　1—10 000
版　　次　2011年6月第1版　2019年10月第1次印刷
国际书号　ISBN 978-7-5100-3715-3
定　　价　180.00元(全5册)

前言

人生是一个不断追求的过程，我们追求学业、追求事业、追求温情、追求幸福。时光在指尖流转，生活在光阴中继续。每个人都希望自己的人生是完美的，虽然这不容易做到，但是我们却可以通过自己的努力，让自己的人生少留一些遗憾，这样的人生同样也是完满的。

人的一生，都希望得到最多的快乐和幸福，希望自己的每一天都过得愉悦和惬意，希望身边的亲人和朋友也能像自己一样。于是，我们都在努力着。

我们一直很努力，争取做一个最好的自己；我们时刻在努力，尽量让未来对得起我们的努力。

苏格拉底曾说，人生就是一次无法重复的选择。每个人都会时常面临来自学习、生活、工作和社会的各种各样的压力和问题。当难题迎面而来的时候，充分汲取、掌握并运用深刻的哲理来指明前进的方向，领悟人生的意义，才能加速我们成功的进程。

每个人都希望拥有一个完满的人生，并为此付出努力。虽然生活当中总有一些不如意，但是我们追求完美的脚步却从不停歇。因为我们知道，生活总要继续，还有许多美好的人和事在未知的前方等着我们。为了能够遇见未来更好的自己，我们不能停下来，当然，我们也停不下来。因为我们已经在生活中了，所以请跟着它快乐地走下去吧！

目录

第一章　自己去成长，自己去成长

未来无限可能 …… 2
为自己争取机遇 …… 8
感谢这份伟大的荣誉 …… 15
有梦想，谁都了不起 …… 21
对自己狠一点 …… 27
越平凡，越有选择权 …… 36
不怕人生的转弯 …… 41
走别人不走的路 …… 48
人生就是一场寻找 …… 57
出发，什么时候都不晚 …… 62

第二章　拼命做个人上人

慎独，是自律的最高层次 …………………… 68
你养我长大，我陪你变老 …………………… 75
时间会为你证明 …………………………… 80
没有不努力的天才 ………………………… 87
不要甘于平庸 ……………………………… 91
叛逆的征途 ………………………………… 95
你好，好奇心 ……………………………… 102
人生是一场伟大的冒险 …………………… 108
挫折是人生的挑战 ………………………… 112

第三章　向前走，别回头

从自信到自卑再到从容 …………………… 116
打工才是最愚蠢的投资 …………………… 120
谢谢他给我这份爱的力量 ………………… 125
摆脱内心的恐惧 …………………………… 129
找到属于自己的勇气 ……………………… 133
从未熄灭的爱和希望 ……………………… 147
倔强地活下去 ……………………………… 150

第一章

自己去成长，自己去成功

未来无限可能

少年，请你努力，Teenager cheer up！

你学习一般，考上了现在的这个学校，成绩不算好，拿不到校奖国奖，自习不规律，上课不常听，考试全靠突击，同学帮一把也能考到七八十分。

你家境一般，父母都是普通员工，在这个城市一个月生活费一千二，没事下下馆子，一个月添一件衣服，想买台相机要等几个月，经常要咬咬牙才能买双自己喜欢的鞋。

你特长一般，不会吉他，不会钢琴，不会跳舞，不会画画，想学摄影却不会PS，想上台演出却没有信心，学校晚会比赛的时候，你经常站在台下的人群里，而不是台上的聚光灯下。

你长相一般，不算英俊或者不算美丽，身材不算臃肿，但是也没什么肌肉或者没什么曲线，平时只是稍稍打扮一下，容貌看上去并不出众，只能算整洁，你开玩笑地称自己是千万屌丝之一。

你的生活感情也是一般，有时候会遇见自己心仪的那个Ta，但是总抓不住机会，眨眼间Ta就被其他人俘获，你就开始伤心抱怨，但是几天之后又开始寻找新的Ta。总之，你没有什么特别的地方，就和周围的千万个你一样。

但是，你和其他的你一样，渴望飞翔，渴望自由。

你不甘心拿不到奖学金，看见别人得奖的时候，你会说完全是突击的结果，你开始上自习，坚持了一个星期。

你不甘心自己的父辈平平，会批判会讽刺自己周围的官二代富二代，立志自己要努力，好让自己的孩子成为富二代，你坚持了一个星期。

你不甘心自己什么都不会，你开始学吉他、买轮滑鞋、借PS的书、对着镜子微笑说自己有信心，你坚持了一个星期。

你不甘心自己没身材没长相，你开始健身、长跑、练肌肉、练线条，你坚持了一个星期。

你不甘心自己没有伴侣，你决心自己洗心革面重新做人，你删掉电脑里的偶像剧、肥皂剧，你收拾起床上的懒人桌，你仔细地洗了澡，为自己化了妆，决定出去走走开始新的生活，你坚持了一个星期。

然后，这一个星期之后，你还是和周围千万个你一样，你还是和一星期前的自己一样。

少年，你来到现在的学校，是为了什么?

你逛人人，看见人人上的状态说“二十岁是人生最美好的时光，不应该局限在学校里教室里，应该享受生活”，于是你相信了。

你看见人人上状态说“这样的年纪本应是率性的，而我身边的太多人在考虑诸如家庭类型、毕业发展方向、是否异地、价值观等问题。这导致本来互相深深喜欢的两个人，错失了一段美好的时光，他们所谓爱情的忧伤，不过都是自己在矫揉造作”，于是你相信了。

你看见网上的毒鸡汤说“国奴常用的10句话，被洗脑的某某也常说”，于是你也相信了。

于是你觉得，二十岁的你就该“享受生活”“随心所欲”，享受“人生中最后的自由时光”。

于是你觉得，二十岁的你就该“快乐地去恋爱”“仔细享受和Ta在一起的一分一秒，其他什么都不去想”。

于是你觉得，二十岁的你就该“风华正茂，挥斥方遒”“指点江山，激扬文字”。

少年，请允许我猜测一下你的未来。

现在的你，用着父母的血汗钱，买着NB的包、PUMA的板鞋、捷安特的ATX和iPhone X，大学四年，你考研意外地落榜，因为双选会时公司都不中意，你在毕业时候还没有找到心仪的工作，收拾了行李回家，父母和你说去试试这个或者那个工作吧，你说这工作太简单了不适合我，你去更好的企业寻找机会，却因为表现平平被置之门外。每天都是这样，没能力却不甘心，最终变成啃老族。

现在的你，和Ta恩恩爱爱，每天黏在一起，上课Ta会等你，下课Ta会接你，午饭你们一起吃，晚饭之后还会一起散步，Ta说未来怎么办？你说不要考虑未来，认真过好现在。不幸运的话，几个月后Ta会觉得你在玩弄Ta的感情而离开你，留下你独自一人空悲切。幸运的话，你们一直谈到毕业，最后你会悔恨自己不够优秀，没能去Ta所在的城市读研或者工作，带着不舍和悔恨分手。

现在的你，在网上看见自己赞同的观点会全力支持，看见自己不认同的观点会全力否定。你觉得现在正值当年的自己，就该这样敢于说出自己的心声。最后，你的观点完全来自于网络，当你想说话的时候，你才发现忘记了自己的声音，自己已经失去了原来敏锐的判别能力。

少年，我只想问你一个问题，现在二十岁的你有什么资本？

你成绩一般，但是你有很多自由时间去支配，你觉得很欣慰。

你家境一般，但是你的要求爸妈都会满足，你觉得很欣慰。

你特长很少，但是有一个擅长的，靠着这点你在周围的聚光灯下过得很满足，你觉得很欣慰。

你没有伴侣，但是有很多朋友，会喊你喝酒唱歌，出去逛街，你觉得很欣慰。

现在的你很欣慰，时间久了呢？

生活是一盘棋，需要用心去下，当你有资本的时候，你才能赢。

是的，我能理解你要自由，你要自己的天空。但是我不知道你的父母老师，有没有教育过你，自由也是要付出代价的。

少年，我不知道你是怎么了。

你想要好的成绩，但是你不去学习。

你想要富裕的生活，但是你不去奋斗。

你想要健康的身体，但是你不去锻炼。

你想要自己称心如意的生活，但是你从来没有想过改变自己。

少年，你知道未来的意义吗？

我承认现在的每一天都是未来必不可少的一部分，但是你有认认真真地考虑过，自己要一个什么样的未来吗？你有仔仔细细地考虑过，怎么样去到达这个未来吗？

你在犹豫、你在抱怨、你在彷徨、你在悲叹社会的不公，但是你有什么权利、有什么资本，要求你所在的环境、所处的世界为了你去改变？

现在的你，只是千千万万中微不足道的一个，少了你，地球还是一样会转。

少年，你知道责任两个字怎么写吗？

我知道你很喜欢自由自在，很喜欢享受你的生活。

是啊，二十岁的你再不玩，就永远没机会了，这也是你所相信的。

我敢打赌一定很久没人和你说过“吃得苦中苦，方为人上人”这句话了吧。

当你谈论飞翔的时候，你是不是忘记了地心引力的存在。

二十岁的少年，爱玩你就去玩吧。

我过了二十岁的年纪，我还有未来，不陪你了。

少年，在这个世界上你到底想怎样活着？

时间，总嘲笑我们的痴心妄想！

人生有时候，总是很讽刺。

来源：简书

为自己争取机遇

今天非常高兴，来到这里也很紧张，我想还是从跟舞蹈的缘分开始讲。

我记得从有记忆开始，我的父母亲就跟我讲“你一定要替我们走完，我们没有走完的舞蹈路”。所以从十岁开始就一直被父母带着去参加各种各样的舞蹈学校、专业院校、艺校的考试。在两年的时间里面经受了两次挫折，一次是报考北京舞蹈学院的附中。所有的孩子们排好队进来站好，老师说：“你，你，你，你，请上前一步。”其中有我。然后老师说，“好，这几位小朋友回家好好读书吧。”第二次是我父亲陪着我一起去，老师说：“是这样，这个孩子他的先天比例不好，因为他的腿太短了，这样的孩子呢，将来长个也不会特别高。”我自己内心也很受打击，所以有段时间都在逃避，好像人家提到“舞蹈”两个字，我就会走开。那天我记得我父亲很失落，略带沉重的心情。

我父亲是一个工人，他很喜欢舞蹈，回来的时候，打了两个铁环，他把这个铁环装在我们家老式房子的横梁上，每天他做晚饭的时候我就做作业，做完作业他就把我的小脚伸在这个环里面，然后把这下面的椅子抽掉，我就是倒吊在那。在三个月的时间里面，我的腿真的长长了三公分。所以原来上下身的比例只有六，那个时候已经达到九，但是专业学校的标准是十。一家人每天就在想，有什么办法可以弥补这个一公分，而且我们在家里排练了很多次，而且这个方法奏效了。当考官量我的上身比例的时候，我要习惯性地塌点腰，然后在量我的下半身的时候，你再撅一点点屁股，终于用这种办法争取到了最后的一公分。所以我十二岁离开家，到了上海舞蹈学院。

1993年的时候，要开始准备全国的一个“桃李杯”的比赛。我确实个矮，我确实不是很起眼，但是我想去参加比赛，我那时候觉得我一定要在比赛中获奖，要用这个来证明即便是小个子，我也可以在舞台上为自己争取到一个属于自己的角色。有一天，我从学校的走廊上走过去，突然看到一个编导，在给我们同批的一个空军政治部文工团的学员排一个舞蹈，一张八仙桌，上面一个演员拿着一面鼓在跳舞，看到那个排练的瞬间，我当时就在想，我一定要去学那个舞蹈。用了很多办法，终于得到一个信息说，“他不能来教你，你就跟在后面学”。所以我很激动很激动。一进去，一张桌子一面鼓，桌子上站的那个人是A角，然后B角站在教室这个角落，C角站在这里，D，E，F，G，然后我就站在最后面的角落里。

我多想站在那个桌子上拿着鼓，但是不可能有机会，我就在那个教室门口等着。那些同学都走了，他们关了灯，我自己跑到这个教室里面都不敢开灯，抱起教室角落里那个鼓，自己爬到桌上，对着镜子自己来几下，就偷偷摸摸地，还不敢让人家看到。所以一直等到有一天，邓老师说："豆豆，你来跳一跳吧。"我激动地说："是真的吗？好好好。"然后音乐一开我就开始跳，跳完以后邓老师看着我，不说话。等到第二天，我怀着非常忐忑的心情走到教室，后来老师说："豆豆你过来，我昨天看了你的舞蹈，我觉得有很多地方不正确，你把我原来编排的一个带有中国民间舞风格的舞蹈跳成了中国古典舞，但是我觉得其实这样跳也挺好，那么你愿不愿意跟我一起，我们一起把《醉鼓》这个节目跳成一个正正规规的中国古典舞。"

我当时听了以后，很激动，只会说"好好好"，所以那年的"桃李杯"，我代表上海舞蹈学校去参加，最后很幸运地拿了人生中的第一个金奖。更幸运的还在后面，那次"桃李杯"舞蹈的决赛，当年春晚的导演坐在下面看，他觉得这个独舞很好，突然跟一个孩子，一个只有十七岁的孩子讲，要让他去准备参加中央电视台的春节联欢晚会，我整个人就蒙了。所以我想讲的是，为什么说争取机遇这么重要，我们争取到一个机遇的时候，其实是为自己将来争取了更多的机遇。所以1994年在“桃李杯”上拿了一个金奖，1995年又去参加广州的一个全国舞蹈比赛，也拿了一个金奖。因为两个金奖，按照规定就可以免考进北京舞蹈学院的大学部，所以我非常非常高兴。

终于在1995年，十八岁的那年，我成为北京舞蹈学院大学部的一名学生，我当时就想把我的行李扔在地上，跑过去抱紧舞蹈学院门口的那个校牌，我内心就想说：“北京舞蹈学院，我终于来了。”当然入学那天是兴奋的，但是开学后的学习是很艰苦的。我有一个很好的朋友，1994年比赛的时候，我是少年组的第一名，他是第三名，平时是很好的朋友，但是我们两个进了教室，就火药味特别浓。然后他有一个习惯——睡觉会说梦话。有一个东北的同学，他也特别逗，他就走到他边上问：“那你说说今年“桃李杯”比赛你拿什么成绩？”同学就说了，“我？我拿金奖。”“你拿金奖，那黄豆豆拿什么名次？”他一想黄豆豆，“第三名。”然后他醒了我就说，我说你这人太不地道了，你看你都拿金奖了，你连二等奖都不给我，你非要给我三等奖。所以看得出来，我们这个班的竞争是很激烈。当然那个时候也有很多朋友劝我，非常中肯地劝我，就是说因为从“桃李杯”以往的一个成绩来看，可能是不参加会更好，因为如果你少年组拿了金奖，成年组没有拿到金奖的话，对你会产生一个副作用。但是就是我性格里的那种叛逆，我就想，我为什么不能再接受一次挑战。

有一天，我们学校的沙龙里面正在演出，演了一个四人舞，叫《秦皇点兵》，四个人演的一个兵马俑。我当时一看就被那种中国兵马俑的气势牢牢抓住，我觉得这个太男人了，这个太中国了。所以我说这个舞蹈谁编的，他们说陈维亚老师，所以我就经常去他们家敲门。“陈老师在吗？”“哎呀，陈老师今天排练。”我说：“好，谢谢，谢谢，我下次再来”。然后再过两天去敲门，“今天陈老师在吗？”“哎呀，他今天去意大利了。”再去，就这样，你就一次一次去。终于有一天碰到了，“陈老师，我看了你编的那个《秦皇点兵》，我特别喜欢，你能不能根据我的情况，排一个独舞版本的兵马俑。”陈老师说：“哦，豆豆，你的基本功确实很好，但是你这个身高，你这个形象真的很难去演兵马俑。”然后回家我就很失望，我怎么想都觉得不能放弃这个机会，然后我再去找资料，看那四个人的录像，自己跟着学，过一个礼拜再去敲门，“陈老师，我看了录像了，你看看我摆这两个造型，你看看，我其实可以的。”“哦，造型还可以，但是这个韵味好像不够，再去看录像，再学。”“陈老师，韵味我自己又练了，你看看好不好。”“好像好一点，还是不够。”反正你就是一次一次地去找，一次一次地去找，终于有一天，陈老师答应说，我们试排一下。

1997年再去参加“桃李杯”比赛，当大家一开始说黄豆豆要演兵马俑的时候，所有人都不相信，这么小的个子怎么去演高大的兵马俑，但是演出完之后再次拿了金奖。今天我们来了很多人都是大学生，其实我练到后面，非常现实地发现，在舞蹈的这个舞台上，每个舞者要面对的，就是自己的舞台生命是有限的。同学们退役了，改行了，结婚了，人一天天越来越少，终于有一天，我发现今天的教室里就剩下钢琴和镜子里的我了。我就突然觉得我是不是应该要有所思考，有所追求。我那个时候有一种渴望，我想让自己是不是能够重新回到学生的一种状态，去重新学习，从零开始。我那个时候最大的梦想是做舞蹈编导，我渴望能够站在世界文化的角度，去看待中国的舞蹈，我想去学全世界最新的编舞的理念和手法。

所以在2005年1月，我跟我的妻子举行婚礼后，我们没有度蜜月，我们两个人带着行李到了纽约，她每天早上会比我早起二十分钟为我准备好早饭，然后每天中午下课以后她赶回公寓，提前做好晚上的红烧排骨、红烧牛尾和中国的米饭，还有一些素菜配在一起。在寒冷的气候里面，两个小夫妻吃着自己做的暖暖的饭，现在回忆起来特别特别温暖。然后我很惭愧，我在2005年之前从来没有现场看过一场正规的歌剧，大都会歌剧院每年都是密密麻麻的演出报表，还好我们有学生证，因为歌剧的票很贵，（学生票就是站在大都会歌剧院一楼最后面，他们有两排站位。）突然有一天，我感慨地说："老婆，等我以后有钱了，我一定要买歌剧的票，而且要买那个前面最中间的票，我们两个舒舒服服地坐在那看歌剧。”然后我老婆说：“其实我希望有一天，你能够站在大都会歌剧院的舞台上，跳中国的舞蹈。”然后我说这个距离太远了，这个真的是梦想。但是真的就碰到了一个机遇，谭盾老师和张艺谋导演在美国大都会歌剧院开排一部歌剧，叫《秦始皇》，最后说我们确定你来担任歌剧《秦始皇》的舞蹈编导，当时感觉自己整件T恤衫的背都湿透了，激动和压力同时存在。其实我的英语很差的，就是我第一次去申请奖学金的时候，二十五分钟进去面试，我一共说了我会的五个单词中的四个，就是Hello、Yes、Thank you、Byebye。我一共会五个，我在二十五分钟里面只用了四个！还有一个词是我进去就想好的，无论如何我在今天的面试里面不能说的那一个词，那就是No！

所以我想机遇不单单是自己要去争取，同时也要感谢别人把机遇赐给你！

来源：《开讲啦》黄豆豆演讲稿

感谢这份伟大的荣誉

尊敬的名人堂主席约翰·多利瓦先生，女士们，先生们：

晚上好！

当我听到自己会在今晚第一个发言，我想有人一定搞错了。因为，第一个发言者明明该是阿伦·艾弗森，毕竟，我可不能像他那样，我需要更多的训练。

但首先，我要感谢你们给了我这份巨大的荣耀，你们的认可将让今晚成为我人生最值得记忆的时刻。尽管，我的职业生涯结束得有点早，但我却珍惜这其中的每一个时刻。在场上打球的日子，与今晚你们对我的认可一样，都让我十分开心。

我要感谢我的三位推荐人。

比尔·拉塞尔，我永远不会忘记，当年在我还是个年轻新秀的时候，你邀请我去你西雅图的家中共进晚餐。那个夜晚，你的所有建议，后来帮我建立起了信心，并让我在这个新的国度感觉更加自如。

比尔·沃顿，你一直以来都支持我，谢谢你的忠告和鼓励。当年，我经历脚部手术后，你是我苏醒时，第一个和我打招呼的人。你时常告诉我要保持积极心态，对此，我一直都没有忘记。

迪肯贝·穆托姆博，我把你放在最后感谢，因为你是三人中年龄最长的一位。我们在一起并肩作战了5年，无论场上还是场下，都有很多美妙的记忆。任何事情，都切断不了你我之间的纽带——即使是训练中，你奉送给我的那些黑肘。

正如你们所知，我来自中国，我的篮球之旅也是从那里开始的。20世纪70年代，我的父母都是篮球运动员，从小，我就听过很多他们打球的经典故事，知道他们如何打球，又表现得多么出色。能成为你们的儿子，我非常幸运，从你们身上，我继承的天赋不仅仅是身高，你们还教会我如何去思考，又如何做出决定。当然，还有罚球线上柔和的手感。而这一点，也让我非常开心，因为我是带着生涯场均83%的罚球命中率进入名人堂的——就比沙克（奥尼尔）好了那么一点点。

我的妻子叶莉，我们在高中时期就相识了，你知道，你对我的意义有多么重要，谢谢你成为我终生的伴侣。我们可爱的女儿姚沁蕾，是我们两人的珍宝。我们多希望，她也能一同参加这个仪式。但是现在，她已经开学了，并且在学校，她选择的体育项目，是足球，而并非篮球。

我的篮球生涯，是从李章明教练的自行车后座上开始的，那一年，是你载着我去篮球馆，开启了第一堂训练课。我想祝贺你，因为今年，你也已经退休了。整个篮球生涯，你辛勤地工作，让太多的孩子为之受益。

李秋平教练，是我在上海大鲨鱼队打球时的教练。是你引领我们拿到了CBA总冠军，你从来没有忽视我们，即便那年，当您的妻子因病离世，也是如此。谢谢你这些年的奉献，以及为我们做出的牺牲。

我也要谢谢上海这座城市，谢谢上海大鲨鱼队，谢谢CBA联赛，谢谢他们为我做的每一件事情，他们培养我，训练我，帮助我，让我做好了迎接人生下一个挑战的准备。

中国有句老话：以铜为鉴，可以正衣冠；以史为鉴，可以知兴替。下面，我想要和大家分享几个自己生命中明镜般的人物。

首先，我要提到牟作云先生。他是80多年前的篮球先驱，当年他来到斯普林菲尔德学习篮球，之后回到了中国，并将毕生都奉献给中国篮球。今天，CBA总冠军奖杯就是以他的名字命名的。这个奖杯是每一个在CBA打球的球员梦寐以求的。

另外，我并不是第一个在NBA打球的中国人，这个荣誉属于王治郅。他是所有梦想未来到NBA来打球的中国球员的先驱。他为我们扫清了一条道路，做出了无数的牺牲，我从他身上学到了很多。尽管今天他不能到现场来，我还是要感谢他。

很多人了解我的故事，开端是在2002年，那一年，火箭选中了我，但没有多少人知道，火箭在我到来之前，已然付出了很多努力，而在我整个职业生涯中亦是如此。感谢莱斯利·亚历山大、迈克尔·戈德伯格、卡罗尔·道森、塔德·布朗、达雷尔·莫雷、基斯·琼斯，你们让我觉得休斯敦就像一个家。

当我第一天到达休斯敦时，史蒂夫·弗朗西斯给了我一个大力的击掌，外加一个深深的拥抱，以此来欢迎我。正是从那一天开始，弗朗西斯成了我完美的老大哥。还有“老猫”莫布里，他会邀请我去他家品尝一些据称是“灵魂食物”的东西，我想他的意思是——盐死人的食物。感谢弗朗西斯、莫布里、所有我在火箭早期的队友，你们让我觉得这里有了家的感觉。

鲁迪·汤姆贾诺维奇曾有句名言：“永远不要低估一颗总冠军的心。”汤帅不仅在球场上示范了这句话，在场下也是，特别是他和癌症所做的斗争。汤帅，你一直鼓舞着我去成为理想中最出色的球员。

当杰夫·范甘迪和帕特里克·尤因、汤姆·锡伯杜一起来到火箭时，这个教练组把我们变成了一支顽强的防守队伍。而且，小范教练生涯中一直都是这么干的。

麦蒂、巴蒂尔、阿尔斯通等人的加盟，让我们成为一支有天赋的年轻球队，特别是还加上穆托姆博，这支球队不仅有竞争力，也有兄弟情。我一直记得，当年小范教练曾说过“最好的机会，很可能也会是你最后的机会”。这话无论在篮球界，在人生中，都是真理。

我在NBA的最后一个教练是里克·阿德尔曼，他帮我们挖掘了很多有天赋的球员，像兰德里、斯科拉、布鲁克斯。2008—2009赛季，我们打出很不错的表现。但很遗憾，我的受伤让这一切早早结束了。同时，这次伤病，也过早地结束了我在火箭的生涯。但直到现在，我仍把在火箭征战的这段时光视为人生中最美好的经历。

作为一名篮球运动员，我是这个星球上最幸运的人之一，我和这个世界上最好的一些对手交锋过。一名伟大的运动员不仅会拥有伟大的队友，还有伟大的对手。伟大的对手鞭策我们前进，就像奥尼尔这样的。奥尼尔，我们交手的每一场比赛都让我想起一句老话，“那些杀不死你的东西，总会让你变得更强大”。为这个，我要感谢你。

我把休斯敦视为自己的第二故乡，所以，我也想对休城人民说一些话。无论顺境、逆境，我与你们并肩而立，你们给予了我前进的力量，我会永远把你们视为家人。我这辈子都是德州人，都是火箭人。

如果没有大卫·斯特恩的高瞻远瞩，没有NBA，这一切不会发生。感谢大卫·斯特恩、亚当·萧华、金·伯哈尼，以及NBA的每一个人，感谢你们的友善和支持。

最后要感谢姚之队，我们看起来都比第一次相遇时老了不少，发福了不少。

女士们，先生们，我要向奈史密斯先生送上敬意，向名人堂的361名成员送上敬意，向过去125年里全世界范围为篮球运动做出过贡献的每一个人送上敬意。

所有的个人都是闪亮的星星，大家集结在一起，形成了篮球宇宙中的银河。这项运动激励了全世界数千万人，作为其中的一员，我会继续贡献自己的力量，帮助篮球这项伟大的运动继续成长。我们也将继续期待看到那些明日之星在未来闪耀。

来源：姚明在2016·NBA名人堂颁奖典礼上的演讲

有梦想，谁都了不起

我希望我的演讲对所有年轻观众是有益处的，所以我就在想，我怎么能够让我的演讲对大家有用呢？

因为所有的年轻人都会问我同样的问题：是不是得经历正规影视方面的教育、是不是需要特定的人生历程，我才能站在这给大家演讲呢？我的回答是：“不需要。”你不需要等到别人允许时才开始讲故事。“你叫什么名字？对，就是你。”“杰西卡。”“杰西卡，你今天做完节目回去，自己想一个故事，在纸上写下来，请那边的朋友帮忙，拿上拍摄设备，马上开始自己故事的拍摄，你不需要任何人的批准。”在我很小的时候，就已经在一次郊外的出行中，完成了一个故事的拍摄。

所以，我很小的时候就得以接触电影。当时也发生了对我人生影响较大的事，我当时是加油站小弟，当车缓缓驶进加油站，我俨然就是透明的，因为我在帮别人加油，但这也意味着我可以看到不同性格的人，当然还有人会发生争吵，上演分手戏码。他们来自不同的地方，然后又去向不同的地方，所以我逐渐养成了善于观察的习惯，因为我的存在或有或无。观察不同的人，尝试了解他们，电影就成为我一生的事业。我觉得我现在所从事的工作，就是去读懂角色，帮助演员们理解并呈现整个故事。

说起我的人生，我父母分开了，离了婚，我当时情感上很受伤，所以我选择了逃避，来到了大城市，在那里我找到了我妈妈，她把我送去正规学校，开始学习戏剧、学习电影。我并不是个好学生，并不是很努力，后来我想进一所戏剧学校，但我失败了，我卖掉了自己的戏剧公司、歌剧公司，终于被学校录取。人们一定会觉得：这个学校特别棒，许多明星，像梅尔·吉普森、凯特·布兰切特。实际上，在澳大利亚，只有那一所学校，所以，你认为呢？但它确实是所很棒的学校。

后来，我毕业了。几年后，我进入一家公司，获得了人生中第一个拍电影的机会，叫《舞国英雄》。在这部电影中，我想拍的是歌舞厅的舞蹈，是我小时候去歌舞厅跳过的舞蹈，所以我觉得特别不可思议。后来我们要为电影找投资方投拍这部电影，这在当时来说非常难，因为人们不愿意去拍摄一个讲述跳舞厅舞蹈的电影。最后有一个人愿意相信我，对我的电影有信心，要为我的电影投资100万美元。但另外一个负责人对我说："为我们投资拍电影的人今天因为心脏病去世了，电影拍不了了。"所以我的第一个电影尚未开拍就夭折了。但是他的妻子说："我丈夫相信才能不可能被淹没，他在acdc有家银行，在这个电影中我们一定会投钱，一定让这部电影顺利上映。"这个人的妻子对拍电影一窍不通，但是她还是对我们的电影做了投资。

当我们开始拍摄的时候，我们简直全情投入，在拍摄的6周里，我们投入了极大的热情来完成这部电影。当地有一家电影院是那个负责人为我们找的，当我们为他放映影片的时候，他说："这是我看过的电影中最糟糕的一部。"所以他取消了电影的上映，我的电影生涯也随之结束了。于是我和我的两个合作伙伴，其中一位女性现在成为我的妻子——凯瑟琳·马丁，还有一个我的朋友，我们去了海边。看上去电影算是没戏了，我坐在公园里的椰子树下，上面满是椰子，如果椰子掉下来的话，甚至会把人砸死。为了避免受伤，要带上一种塑料帽子来防止被砸伤。在那时，我接到了一个电话，打电话的人的语气非常搞笑，他说："你好，我是皮埃尔，我来自戛纳电影节，我给你一个展映你电影的机会，在戛纳，午夜12点，但你只有一周的考虑时间。"当时我就傻了："你不是开玩笑吧？"他语气非常肯定。

我们带着电影来到戛纳，在午夜12点的时候进行了放映，是当天观影人数最多的电影，并且在全世界获得成功。我还记得有很多观众围过来。我清楚地记得，我们一直被人群推搡着。皮埃尔在保镖的护送下，走到我面前，他像这样抓住我，对我说："先生，从今天开始，你的人生将变得完全不同。"而且你们知道吗？他是对的，正因为那个小电影，我们赢得了800万美元的奖金，获得了不少奖项。接着，我拍了我第二部电影，当然我还做了很多其他事情。比如，我结婚了，和我的艺术指导，我的妻子——凯瑟琳·马丁，她曾经两次获得奥斯卡奖，而我一次也没得过，但我仍然在努力。没关系的，你不需要为我难过了。

我产生拍摄《了不起的盖茨比》这部电影的想法，是在这座城市，在北京。在完成《红磨坊》之后，我来到了北京，要搭乘一辆火车去莫斯科，我随身带着一些有声书、一些红酒，我当时就在听《了不起的盖茨比》这本书，当时我就认识到：这一本书是如此现代，和我们的生活联系得如此紧密，跟我们的认知是如此趋同，这是一部值得拍摄的电影。在这部电影中可以直接反映很多现实生活中的困境。这是十年前的事情了，后来我拍摄了《澳洲乱世情》，最终拿到了《了不起的盖茨比》的版权，之后又出现了金融危机，我就意识到我必须要拍这部电影。于是我开始了电影的筹备，召集相关人员一起拍摄《了不起的盖茨比》。

我们知道在好莱坞，大家不会随便给你投一亿美元让你去拍一个随便的故事，不会的。他们不会说："《了不起的盖茨比》，听起来不错，我们合作吧。"不是那么简单的，他们要的是像《钢铁侠》，或由其他漫画改编的电影，所以要说服这些制片商拍摄《了不起的盖茨比》是很难的，当然风险也是很大的。在刚首映完的那个周末，我对美国《福布斯》杂志并无偏见，这本杂志在美国很有名。但《福布斯》杂志说："《了不起的盖茨比》这周末一定一团糟，票房肯定特别难看。因为同期上档的还有诸如《钢铁侠》等动作片。像这样一个以悲剧收场的爱情故事，原著写于100年前，就算有莱昂纳多·迪卡普里奥助阵，也不可能突出重围。"如果我们在首映后的周末在北美市场上能收获2000万美元的票房，我们就安全了。首映之前，我们的票房预期是3000万美元，但周末结束后，票房成绩为5000万美元，远远出乎了所有人的意料，连影片插曲唱片的销量也跻身排行榜第二名，这说明还是有观众愿意看浪漫悲情故事的。

故事中的情节仍然能打动他们，但其实电影最大的精髓在于一些伟大的梦想——美国20年代伟大的梦想。当时创造的巨大财富，所谓的"纸醉金迷"的时代，令人不敢相信。但这本书告诉大家什么呢？开名车本身并没有错，或者穿一双昂贵的名牌皮鞋，或者带一个名牌钻戒，但是你的生活必须要有一个中心，你要有所追求，这就是影片中的尼克从盖茨比身上所学到的东西。这两个人都是小说电影当中的人物，所以我非常期待中国观众对这部片子有什么样的感触，而且拜托大家，都要去看我的片子，太感谢了！但我真诚希望了解大家对这部电影的感受，希望大家在我的微博写下感受。

我非常荣幸今天能参加《开讲啦》这个节目，我非常激动，而且我觉得主持人非常厉害，我得把我们的主持人再叫上来，求你了，快上台吧，我需要你，不要留我一个人在这个舞台上。

来源：《开讲啦》巴兹·鲁曼演讲稿

对自己狠一点

大家好，我很高兴站在这里和大家来分享。可以这样说，也可以骄傲地说，格力电器是一个专业化的企业，是一个只做空调的企业，能够从二十年的时间，从两千万做到一千亿，从两万台做到四千万台，这样的成绩到底是来自于哪里？不是我一个人，是我们所有的员工，大家都有一个“对自己的狠”，你才能不断地把自己产品做得越来越好。

我记得当时我应聘到格力电器的时候，我是应聘去当个业务人员，我说实在话，那时空调是什么东西我也不懂。但是我去的时候，我遇到一个最大的问题，就是我们上一任一个业务人员，留下了一笔债务，四十多万。很多人也说董明珠你别去追了，这跟你没有关系。那我后来讲我是一个格力的员工，我今天接替了他的这个位子，我就要对企业负责任。这一笔债四十多万，我追了四十多天，天天堵在他的门口，他到哪我就跟到哪去问他要，最后那一天的时候他终于同意了，他说你来拿货吧，我把货给你，后来我说好。结果到那时他又不见了，我就特别生气，我又找了他们手下的员工，动之以情，晓之以理，让他们能够理解我：如果你的企业我们两个换过来，你们会怎么样。然后他们也听了很感动，说明天老总一到，偷偷地通知你。所以第二天他到的时候，我就堵在那儿，当时我的心情很激动，我就自己去搬，那个空调很重，但是我也不管，就是拖也要把它往车上拖。结果我把它拖完以后，我上了车，我还怕他追下来，把我车子货拦下来，所以等我车子发动的那一瞬间，我就跟他说我这一辈子都不会和你做生意，也就是那个时刻，我真的是流眼泪了，我哭了，因为追债太困难了。

很多人也认为这件事不理解，这不是你个人的东西，你干吗这么去较劲，但是我觉得作为一个人来讲，一定要有个做人的原则，就是要对别人负责任，你是这个企业的员工，你要对你的企业负责任。那么我回来在这个情况下，大家说董明珠你回来当部长吧，当时我是业务员，最高时可以拿到一百几十万，而我们那儿的总经理才能拿几万，所以我觉得就从这个数字变化来看，我觉得还是当业务人员好，我不想回来当部长。但是一看也应该回来，就是说你一个人再有能力，如果企业真的垮掉了，你还能存在吗？当回来做了部长以后，我用两个例子来说明，这个对自己狠一点的好处在哪里。

一个就是当时我们那个时候销售还有淡旺季，到了旺季大家都来催货，我们经销商就找到我的哥哥，就说你帮我拿一百万的货，我可以给你两三万块钱的提成，所以我哥哥也很高兴，打了个电话给我说，明珠，我明天想到珠海来，我说你来干什么？我要来拿货，我说你又不是经销商，你来拿什么货啊？他说有好处给我啊，拿一百万可以给两三万块钱，所以当时一听我就把电话挂了，我说你不要来 ，然后电话挂完以后我就马上打电话给那个经销商，我跟他说什么呢，我说是不是你通过我哥哥要货呢？他说，是啊是啊，他也很高兴，因为觉得接上头了，但是我给了他一句话说，现在开始通知你停你的货了，他就觉得不可理解，因为你格力厂没有任何损失，而且通过你哥哥拿到货，你哥哥也能得到好处，公私都有好处，你为什么不干呢？所以他后来想来想去想不明白，跑去找我哥哥说，你这个妹妹，是不是你亲妹妹啊，那我的哥哥也不理解，他说你手上有这个权力，又不让你违法，你就为我们家里做一点点事，让我们有一点点发财的机会，你为什么不给？但是我跟他讲，一个人当你拥有权力的时候，这个权力不是为你服务的。那个经销商，半个月后写了个保证书给我，说绝不再找我哥哥了，那一年他做了七千多万，如果按照那个百分之二的提成，那我哥哥当年就可以拿到一百几十万，但是你要知道，我哥哥是发财了，所有的商家如何看格力电器？他们以后还用心去做市场吗？他唯一要做的一件事，我们天天去找格力电器去勾兑。

所以当时他从不理解，到2001年真正地理解，为我发自感叹的时候，他才知道我为什么要对自己这么狠。这是我们作为自己有权力的人，应该做的一件事。那第二，我又狠的一点是什么呢？我不仅说对自己要求严，回来当部长我才发现公司里面有那么多的问题。到了旺季的时候，不要说这些开票的人有权力，连我们的搬运工都有权力，你想先上货吗？你先送给我一箱水。甚至于发展到后面，你肯定要送点好处给人家，谁给我好处多我就给谁先发货。你们可以想想当时，这样的一个状态，我觉得这个企业，还能不能有生命力？这又回到刚才我们的主持人说的，很多企业成龙代言以后，为什么垮掉了？不是成龙代言垮掉的，我认为那个企业最起码的，它没有完整的制度，所以我回去以后，人家说董姐非常好说话，怎么回来当了部长摇身一变，对我们这么厉害。厉害到什么程度？我们所有的女性是不准戴耳环，戒指是一律不给戴的，不可以留长头发，全部是短头发，要是长头发必须盘起来，否则不可以上班。

可能今天说了大家很奇怪，你董明珠是什么理由要这样做，因为我当时在这一盘散沙的条件下，要让他们有一种集体的观念，所以首先从行为上来约束他们。第二个，我做了一个什么事呢？当时规定上班不准吃东西，不准窃窃私语，不准互相交流讲话，你唯一干的是如果没事，你就给我看书。我们的这个内勤人员，就觉得我是说说而已嘛。有一天我从别的办公室，走到这个办公室后，大概只有五秒钟的时间，我们下班铃声就响了，但是在这五秒响之前，我看到我们手下的这些员工们干什么，在吃东西。当时我就罚了他们的款，然后他们又找了一个理由说，我们也没有办法，是某某人带来给我们吃的，你要罚不能罚我们，我说那更好，那你们就罚五十他就罚一百。当时现场罚的时候，我们那个罚一百块的员工，家庭条件是非常困难的，那时我们的工资才多少呢，在家做后勤只有八百块钱一个月，你想罚一百块钱，对他来说是很大的一个数字。但是我下班以后，我从我的口袋里拿了一百块钱给他，我告诉他说那罚款跟这一百块钱不是一回事，那个款已经上交了，这是我给你的一百块钱，是因为你家庭困难，我给了你这一百块钱，但不等于是把这一百块钱的罚款还给你。所以这样的话呢，这公司里的员工通过这样，一个小小的惩罚，大家意识到了我们应该怎么遵守制度。

2001年当总经理的时候，当时我觉得出现了一个很奇怪的现象，我们格力电器也出现了罢工现象，那大家可能开会的时候讲，说现在的员工太难管，现在的员工太刁蛮，但是后来我看了，我说不是，员工是很可爱的，他没有权力，他是被动的，而我们的干部是风，你干部的风往哪里吹，那个草就往哪边倒。这时我觉得，如果出现这么多的不好的现象，原因来自于哪里，来自于我们干部队伍出了问题。

所以我当总经理那一年，做了第一件大事就是，干部作风整顿，很多人都说董明珠管营销很厉害，当总经理能不能管得到我们啊？但是那次干部作风整顿会议以后，他们说董明珠太厉害了，但是希望你光打雷不要下雨，过去的就过去了，从现在开始严格要求行不行啊。那我说不行，因为你们侵吞了企业国有资产变为自己的，利用手上的权力，得到你们自己个人利益的最大化而伤害了企业利益，伤害了员工的感情，是绝对不允许的。所以我当总经理的时候，对干部做了整顿以后，要知道更多的情况，听到我们真正一线工人的声音。我当时想了个办法，我就发现总经理信箱，都摆在厂长办公室的门口，那你说谁敢投这样的投诉呢，因为当你投诉了一个东西，进去以后，如果总经理找这个厂长谈话的话，厂长肯定就知道是这个人投的，那这个人很可能干什么，就被炒掉了，所以没人敢投诉，我怎么办呢？我就把我们的食堂、厕所，反正看不见的角落，全部都挂上总经理的信箱，我们最高的时候收过七百多封的总经理投诉信，我们根据这七百多封投诉信，找出我们的差距，找出我们的问题，从而练就了一个优秀的干部队伍，所以我觉得这些都属于我们讲的所谓的一个“狠”字。

在这个过程中，你一定为难的不是别人，为难的是自己，是自己这个团队，那我觉得格力电器二十二年，我为格力电器付出的，别人说你值不值得，我觉得值得。因为今天我走到全世界，我甚至这次走到台湾的时候，我在过安检的时候，一个安检员看见我，他说你是董明珠，我就笑了笑，他就说我用的是格力空调，他会把格力和你董明珠联系在一起的，这种尊重你说你用钱能买得来吗？买不来。所以我觉得一定要追求一个人生价值，不要光考虑眼前的利益，或者不要为钱而活，我觉得一个人一生当中最大的价值，不是在于你多么富有，而是你回头再一看的时候，你问心无愧，那你就是真正的价值。我曾经在很多场合跟他们演讲的时候说过别人奋斗了，最后都说这个人很成功，他现在已经是多少多少亿的身价，他现在已经是什么样了。我没有，但是我觉得我很幸福，因为我造就培养了多少个千万富翁、亿万富翁，我觉得我的价值就在于得到了社会对你的认可。

我记得我小的时候，当时十二岁，我们的辅导员讲说今天大家一定要去游泳，我觉得很难看、很丑，所以我不愿意。后来老师就做了我很多的思想工作，他说你个子这么高，你为什么不能去？就是他这句话激发了我，我说去就去，当时他说我给你挑三个能够横渡长江的人教你，然而这三个见到水，就像回到家一样，就说你就杵个棍子，站那儿等一会儿啊，我们去游一圈回来再教你，恰恰就他们游一圈的时间，我差点死掉，当时那水大概就这么深，因为在河边上，当你倒进去根本就起不来，后来有一帮刚学会游泳的人看见了，他们过来把我抓起来了。

经历过这个，大家可能会说我再也不游泳了，但是后来我就琢磨了一下，我一定要学会游泳，如果我不会游泳，有一天同样还会被淹死。那么还有一次就是踩单车，有一天踩单车回家的时候，迎面就遇到公交车过来，当时怎么办呢？就脚下拼命地踩，然后身体拼命地往后头仰，因为觉得这样，才能避开这个公交车对我冲过来，就跑到车边上的时候，一下子就倒下来了，倒下你知道我做的第一个反应是什么？爬起来都不看别人，屁股灰都没掸，把车扶起来就跑，就觉得很没面子，但是也没有因为倒过，以后自己就退缩了，没有，就更加坚定自己要骑，而且不是简单地骑好，是总结经验，为什么会倒。

但是第三个，我觉得我最感动的跟“狠”没有关系的，我的儿子从小学到大学毕业，我从来没有到学校接过他一次，有一次我从他校门口走的时候，看到他正好放学，我开着车，我真的想停下来接他，后来我想一想，一定要让他自己走回家去，所以我没有接他。我就回去了，但是那天其实他很晚才回来，我就问他，路上干什么去了？他就告诉我说，他说我在那等车，今天因为有空调的车是两块钱，没有空调的车是一块钱，他为了等那一块钱的车，等了有半个小时，那你说我们是不是缺这一块钱呢？不缺，但是我觉得对孩子也一样的，所谓的狠一点，让他能够培养一种艰苦奋斗的精神，所以今天他已经大学毕业，也已经在工作，但是他没有在我的身边。他跟我讲了一句话，妈妈您能从零开始，他说我也可以，所以他自己在外面给别人打工，一个月就是五千块钱，但是他干得很开心，很快乐，所以我觉得这点对我来讲也是个很大的欣慰。

我想借这个机会讲一点就是说，希望你们一定要清醒地认识到，只有通过经历过奋斗的，你回味的时候，才会觉得你的人生价值是有意义的。

来源：《开讲啦》董明珠演讲稿

越平凡，越有选择权

一直以来，我都是在从事文字创作的部分。后来我发现，相对影像创作，文字创作其实很幸福。不过影像创作虽然辛苦，可是也很热闹。因为它留下了很多记忆。在我看来，记忆是这个世界上唯一没有办法复制跟买卖的东西。

记得在我小的时候，台湾以前的工地，都要绑鹰架。鹰架上，它会有铁线。工人把铁线剪掉之后，他就不要了。包括那些他们喝剩的饮料空罐。在他们扔掉之后，我们这些小孩就都会去捡，然后拿来卖钱。我没有把这些事儿当成工作，对于在当时那个年纪的我来说，更像是一种游戏。因为我们捡得很开心。在我看来，一个人的回忆是无可替代的。任何人的记忆都没有办法被买走。如果你没有那段经历，你就不可能去制造或假装拥有。

在我小的时候，也有调皮、不懂事的时候。大概是在初中的时候吧，我们接到了一个发传单的工作。需要我们把传单塞到人家的信箱里面。我们很喜欢看到公寓。因为公寓的信箱都很多，我们就塞塞塞，一叠传单很快就能够塞完。其实即便塞了一天，也赚不了多少钱。可是在当时那么小的年纪，凭自己的双手，就能挣到钱，这种感觉让我很快乐，会觉得自己也是个有用的人。

我退伍之后，其实也做过很多工作。当过送货员、送报员、物流员。寒暑假，我还会去电子工厂打工。记得当时的工厂，因为是流水线操作。所以，我的工作就只需要做一个简单的动作而已。就是当产品经过你身边的时候，你就锁一个螺丝上去就可以了。

就是因为我做过很多工作，所以我可以体会到别人的辛苦，可以设身处地去替别人着想。如果你的家庭太优渥，你从来没有做过别的工作，你的人生很容易就只有一条轨道：读好学校，考好成绩，进大公司，然后往上争取比较好的职位。但如果这样生活下去，如果你没有看到过别的阶层的人生是怎么过的，你就很可能不会去珍惜目前所拥有的生活。因为对于那些你所没有经历过的事情，你就很难会有同理心和认同感，也就不容易去替别人着想。

我现在做任何事情，都不会觉得辛苦。因为在我看来，相比过去的环境而言，现在的我，只需要坐在电脑前面想个想法，然后把这个想法，很漂亮很精准地用文字呈现出来，再赋予它一个意义就可以了。《青花瓷》《菊花台》《东风破》，又或者是《烟花易冷》就这样被写了出来。面对过去，我还有什么辛苦可言，还有什么写不出来的借口呢？现在的挫折根本不是挫折，现在的挫折只是没有进度而已。

在我看来，当一个人要去面对工作的时候，你也不要挑。有工作做之后，你才会知道，这个是不是我专长的工作，是不是我有兴趣的工作，你才会想要更努力地去做那些你能做，而且是你有兴趣做的工作。那时候我就是这样子。当时，在一个工地上，我就负责拿一个钻孔枪，当工友需要钻孔的时候，他们就会叫上我。那时候我很清楚，我想要从事的工作是创作，这根本就不是我想要做的工作，可是我还是一样努力地工作着。因为在我看来，这份工作最起码可以让我照顾好自己，至少不用再跟家里拿钱了。那时候我就边打钻孔，边写歌词。虽然那时候写的歌词，后来我也觉得不够好，但至少也是在练习。在这个过程中，我也遭遇过挫折和打击。但我认为，如果你想把自己的兴趣转换成职业，即便遭遇到打击，你也应该是开心的。因为这些都是我们自己选择的道路。

在我看来，拥有选择权是很重要的一点。有时候我也会自我反省，如果我没有选择权，我会过什么样的生活。我的兴趣本来是电影，大概十五年前，我就已经考取了编导证。但是由于当时台湾的电影市场规模还比较小，没有太多的机会可以留给自己发展。当时我就在想，既然如此，那我除了影像创作，还有什么是可以做的？后来就想到了文字创作。因为影像创作跟文字创作类似，都是在说故事，差别就在于，一个是在用文字说故事，另一个是在用影像说故事。于是，我就试着开始投稿，因为我想给自己制造更多的机会。

于是，我就投了一百份的文字稿件。因为这其中会有一个概率的问题。不是每一个人都可以拿到你寄出的稿件。这一百份里面，唱片公司的总机可能就过滤掉了五十份，然后另外的五十份，制作人的助理跟宣传、艺人的宣传又挡掉二十五份。剩下的二十五份，四分之一应该会到制作人，跟歌手手上。但很多制作人都很忙，即使拿到，他们也没有时间看，因为这也不是亲戚的小孩子创作的，他们也没有义务一定要看。那就再除以二，可能就十二点五的制作人或者是艺人，或者是歌手，经过层层关卡，他拿到了，也打开来看。可是他打开来看之后，也不见得一定要马上处理。好，那再除以二。那时候我记得好像应该还有五到六个人，最终拿到了我寄出的歌词本。可后来，就只有吴宗宪，宪哥回答了我。现在回想起来，就算那时候宪哥没有用我的词，我可能也会去投稿别的文字作品，比如散文或者诗歌。因为这才是我想要走的路。

这一连串的决定，都是我自己选择的。在我看来，拥有选择权的人生，是很幸福的。纵使你办不到、做不到，一路上又遇到很多挫折，可就是因为这条路是你自己选择的，你也会很快乐。今天，我才会有故事可以和在座的各位分享。吃的苦越多，你的视野会越宽，你人生的故事才会越丰富。不要等到你老的时候，成了一个没有故事可讲的人。

纵使现在是不顺遂的，那日后也会变成你的回忆。这个回忆，就是你人生的文字，就是你小说的一个章节。失恋是一个章节，挫折是一个章节。因为小说要丰富。你看《哈利·波特》跟《魔戒》，最精彩的故事一定要有起承转合。谁被打败了，谁又来了，一路上一直很多挫折跟关卡在过。谁会去看一个很顺利的小说？类似公主与王子的故事，如果其中没有挫折，也没有打击，什么都没有。这样平淡的小说，相信不会有人爱看。也就是说，如果你遇到了挫折，请你把它当作是你人生小说中的一个章节来看。越多挫折，你人生的章节越丰富，将来你就是一个有故事可以说的人。

来源：《开讲啦》方文山演讲稿

不怕人生的转弯

有一次我到成都去演讲，结果要上台的时候碰到一个女生，长得很漂亮，跑过来拉我的袖子，然后塞给我一封粉红色的信，我的心怦怦跳，这应该是一封情书吧，回到饭店一看，她说："我从小就读你的文章，非常敬仰你，没想到今天看到你，很像周星驰电影里的'火云邪神'，真是相见不如怀念啊。"在饭店里面给她回了一封信，我说相见也美，怀念也美，你长什么样子一点都不重要，重要的是你的头皮里面的东西，如果你有东西，那你就可以活得很开心，你就可以活得很自在，活得很有智慧。

我们家有十八个兄弟姐妹，大家都觉得不可思议，怎么我爸爸妈妈那么会生，不是我爸爸妈妈那么会生，我的父亲有两个哥哥，在"日据"时代的时候，同时被调去作战，他的两个哥哥那时候已经生了十三个小孩，然而去作战以后，三个兄弟只有我父亲回来。后来他又生了五个小孩，所以变成十八个小孩。所以我小的时候，印象最深刻的事情是，从来没有一天吃饱过，每次要吃饭的时候，我父亲会拿出十八个碗，形状都不一样，因为乡下人没有整套的碗，每一个碗里面添了一点点食物，添完了以后，他就会用很庄重的声音说："来，大家来吃饭。"端起饭来吃，那种心情都觉得很庄重。但是我们端起饭来不会马上吃，吐一口痰进去拌一拌，这样才可以安心吃，不然你头一转回来饭就少一口了，因为哥哥姐姐他们也从来都吃不饱，都是盯着别人的饭碗在看，我是生长在这样的环境。我有三个小孩，他们看到蟑螂都会同时跳起来逃走，那我就会跟他们讲，我们那时候抓到蟑螂，是把蟑螂抓起来，穿成一串，烤一烤，就吃下去，因为没有蛋白质，只好吃蟑螂。但是现在各位不要学，现在的蟑螂很脏，都是爬垃圾桶，你要知道乡下很穷的人，是没有垃圾桶，所有的垃圾都用到化料为止，所以蟑螂是吃什么长大，吃地瓜、吃甘蔗、吃芋头、吃玉米，都是吃很好的东西长大的，烤一烤，剥开来闻一闻，还有牛奶的味道。

你的环境并不能决定你的未来，你的过程也不能决定你的未来，而是你的心的向往决定了你的未来。

我刚刚讲到我小时候那么穷，可是我八岁的时候就立志将来要当一个成功的、杰出的、伟大的作家。自己每天鼓舞自己。有一天我的父亲说，十二啊，你长大以后要干什么？我说我长大以后要当作家，写文章给人家看，他说作家是干什么的，我说作家就是坐下来，字写一写寄出去，人家钱就会寄来。我爸爸很生气，当场给我一巴掌，“傻孩子，这个世界上哪有那么好的事情，如果有那么好的事情，我自己就先去干了，不会轮到你！”在我居住的地方，三百年来没有出现过一个作家，一个小孩子突然想要当一个作家，这是很奇特的事情。没有人相信，也没有人认为这是可以成功的。唯一了解我的就是我的母亲。我的母亲一直相信我长大会变成一个作家，所以她很关心我的写作事业，我在小的时候，经常蹲在我们拜祖先的那个桌子前面写作，因为我们家只有一张桌子，我的妈妈不时就会倒水进来给我，然后问我，我看你整天都在写，你是在写辛酸的故事，还是在写趣味的故事。我就说辛酸的也写一点，趣味的也写一点，我的妈妈就说，辛酸的少写一点，趣味的多写一点，人家要来读你的文章，是希望在你的文章里面得到启发，得到安慰，得到智慧，而不是说读了你的文章以后立刻跑到窗口跳下去，那这个文章就没有意义。我就问她说，那如果碰到辛酸的事情怎么办，我妈妈说，碰到辛酸的事情，棉被盖起来哭一哭就好了。这个影响了我后来的写作，我写的都是非常优美的文章，所以读我的文章没有负担，而且不会让你变坏。像我跟古龙是蛮要好的朋友，有一年他在我的报纸上登小说，已经登了八百多天了，还登不完，我就打电话说你什么时候写完，他说不行呢，可能永远写不完，因为这里面有一百多个主角，他们都有自己的个性，有自己的生命，不知道要怎么死才好。你既然不能让他们死，那就我让他们死吧，我就写了其中非常重要的一个主角，邀请所有一百多个武林豪杰，在少林寺举行大会选出武林盟主，在来之前少林寺地下全部铺满了地雷，这些人全部聚集的时候，一点火地雷就爆炸，一百多个人都死掉，小说的最后一句叫作“从此武林归于平静”。这是个好玩的事情。

另外一个梦想，就是希望长大以后有一天去环游世界，大人也觉得不可能，因为连买车票到隔壁的村庄都没有钱。有一天我考试得了第一名，我的老师送给我一本世界地图，那一天很不幸的是冬天，轮到我给家里的人烧热水洗澡，我们家是用很大的锅炉，烧热水洗澡，我就蹲在那锅炉前面，一边烧水一边看世界地图。一打开，是埃及的地图，长大以后一定要去埃及，埃及有尼罗河、有亚斯文水坝、有金字塔、有人面狮身，多么浪漫的地方，最重要的还有美丽的埃及艳后，长大以后一定要去埃及。正在沉醉的时候，突然听到一个人打开浴室的门，冲了出来，是我的爸爸，身上只披了一条毛巾：“你在干什么！”我说我在看地图。“看什么地图！”我说看埃及的地图，他就走过来给我一巴掌：“火都熄了，看什么地图！”不但打了一巴掌，还踢我一脚，把我踢到火炉旁边说：“继续生火。”然后就转头走回浴室，走到浴室的时候就转过身来，跟我说，“我用我的生命给你保证，你这一辈子绝对不可能去到那么远的地方。”我一边烧火一边流眼泪，我的生命要不要被保证，我就对自己说，我的生命不可以被保证，即使是我的父亲也不行。我长大以后一定要去埃及。各位猜猜看，我在二十几岁的时候离开台湾，第一个去的地方是哪里？“埃及。”大家好聪明，当我要去埃及的时候，我的朋友都问我说，你干吗去埃及啊？我说因为我的生命不要被保证，所以我要去埃及。我就自己跑到埃及去旅行了三个月，有一天跑到金字塔的前面，写信给我的爸爸：亲爱的爸爸，记得小时候，你曾经打我一巴掌，踢我一脚，保证我这辈子绝对不可能来到这么远的地方，现在我就坐在埃及的金字塔下面给你写信。看着夕阳，夕阳前面的骆驼，眼泪就啪啦啪啦全部流下来。写了这张明信片寄回台湾，听我妈妈的转述，爸爸一边看明信片一边说，这是那一巴掌打的，一巴掌打到埃及去了。

第三个愿望，我希望找到一个身体心灵都相契的伴侣，来做自己的妻子。为什么会有这样的想法？因为我在初中一年级的时候，有一天跟着七个同学一起跑到戏院去，看一部电影叫作《罗马假日》，里面有一个女主角叫作奥黛丽·赫本，长得真美，又优雅又有气质又脱俗。我们看完电影以后，八个人站在戏院前面，手牵手发誓，将来长大一定要娶一个“奥黛丽·赫本”做妻子，如果娶不到奥黛丽·赫本，就誓不为人。经过几十年以后，我们在乡下举办一个同学会，大家都带自己的太太来参加，吃饭吃到一半，我站起来放眼望去，只有一个人的太太长得像奥黛丽·赫本，就是我太太。所以你在人生最早萌芽的时候，你的坚持是非常重要，这种坚持可以决定你的方向，你要往什么地方去走。

我说你很贫穷，没关系，穷人有很多宝藏是有钱的人没有的。穷人的第一个宝藏：每一天都睡得着，这个世界上很多有钱的人，晚上要吃安眠药才睡得着，可是穷人因为家里以前实在太穷了，连那种泥土地上、木板上都睡得着，现在有床睡，当然躺下去就睡着了；第二个是每一餐饭都吃得下，小的时候什么都吃，连蟑螂都吃，现在还有什么可挑剔的，什么都吃得下；第三个是不怕人生的转弯，你是从那个非常穷的环境出来，像我现在，做一个人生的选择的时候，我都会想，大不了我就回到十四岁那年背着一个布袋，里面放着一个玻璃瓶，离开家乡；穷人的第四个非常重要的宝藏，就是处处无家处处家，你看起来好像没有地方可以住，其实到处都是你的家，有时候我喜欢爬山，爬到山顶上从山上看下来，看到台北最繁华的地方，屹立的大楼，很多百货公司，我就很感慨，有钱人的家乡在哪里，有钱人的家乡在百货公司、在超级豪宅、在大楼里面。穷人的家乡在哪里，穷人的家乡在天空、在远方、在森林、在河海交界的地方。你没有什么可畏惧的。

自从我立志要当作家，我就每天在街上乱走，然后看看有什么好的东西、好的题材可以写。有一天我走到一个村庄，看到一个小孩子蹲在围墙旁边，脸上露出非常幸福而神秘的微笑。跑去看看，结果发现，他旁边摆了一个汽水的空罐子，他坐在那里干什么，打嗝，一边打一边微笑，打嗝竟然是这么幸福的事情，我从小都没有喝汽水喝到打嗝的经验。我就站在那个小孩子的前面，发誓，这辈子一定要喝汽水喝到打嗝，如果没有喝汽水喝到打嗝就誓不为人。过了一年，有机会了，因为我远房的一个亲戚要结婚，借我们家的晒谷场宴客，果然送来了一卡车的汽水。我蹑手蹑脚地跑到那个堆汽水的地方，提了两瓶大瓶的汽水跑到家里的茅房躲起来，把门拴住，用牙齿把汽水的盖子咬开，一口气就灌完750毫升的汽水，坐在那里准备打嗝，严重的事情发生了，不但没有打嗝还放了三个屁，到底要喝多少才会打嗝，不知道。第二瓶再拿起来，喝完了，肚子胀得很大，好像怀孕九个月一样，等了半天有消息了，肚子咕噜咕噜响，突然一口气从肚子里面升上来，打了一个嗝，原来打嗝的滋味是这么美好，接下来打了很多嗝，每次深呼吸就打嗝，这时候才发现茅房的味道挺不错的。打开门发现阳光普照，人生多么美好。

后来我写的这篇文章叫作《幸福的开关》，我说幸福的开关并不是你拥有很多的财宝，是你要打开心里的那个通往幸福的那种状态。你一打开，即使非常微小的事情，你都可以感到幸福，你一打开，即使人生非常大的挫败，你也可以感觉到幸福。

来源：《开讲啦》林清玄演讲稿

走别人不走的路

很高兴，有这个时间，我们可以在一起，希望今天能够跟大家说一些对大家有点意思的话，今天我们的题目，是《走跟别人不同的路》，但这到底是什么意思，你不要误会，这个意思不是说你要去寻找一个独一无二的、别人没有走过的，你要找一个没有人爬过的喜马拉雅山，不是这样子。其实我认为，走别人不走的路，你第一件事就是找到自己，你要找到你是谁。我是谁，然后我清楚了之后，我自然会找到我应该要找的一条路，这一条路就是独一无二的，就会跟别人不同。

我从小成长的过程，我觉得很大的一个主题，就是在寻找自己。来到节目之前，我就在想，回想到一件很有趣的事，在20世纪80年代，我刚刚拿到我的学位，我回到台湾教书的时候，我们一些朋友在一起搞剧场，然后有一个朋友，其中剧团的一分子，每天他就很热心地在帮我们做一些心理测验。他问我的问题，第一个当然就是你最喜欢的动物是什么，然后我愣了一下，他说你不能停，你不能想，你就告诉我，我嘴巴上冒出来的就是独角兽，后来他就翻书，告诉我说这时候直觉你最喜欢的动物，其实你就在形容你自己。反正走了这么几十年，可能我觉得那个独角兽的个性确实是存在的，那这个独角兽可能因为它独特地在一个森林里面，你也不知道它在干什么，然后它就在做出一些可能你也想不到的一些事。

我的成长可能就是跟人家不同，我是一个外交子弟，我父亲是做外交工作的，我出生在美国，因此我等于是在美国受了一个完整的小学教育。我还记得那一天，我在上小学，我上一年级，大概读了五六天左右，有一天，老师请了校长在门口，他们两个在那边讲一些耳语，突然他们就一直看着我，然后指着我，校长就看着我，最后就点个头，然后我们老师就过来，把我的书啊，我的东西收好了，“请跟我走”，我们就走到隔壁二年级去了，然后我就是二年级的学生了。我也觉得很奇怪，我记得我妈妈那时候还问我说你做了什么事，让他们带你到二年级去，我说我没有啊，我就是看到那个墙壁上有一个海报，有三个橘子，然后有两个橘子，然后三个橘子加两个橘子是几个橘子，我说就是五个橘子，然后我就到二年级去了，于是我的前途也就不被挡住了，就是不会被一些我不用学习的东西挡掉。

我12岁到了台湾，我父母其实主要的目的，是希望我能够有这个机会来学中文，让我把中文学好，因为我父亲是一个很优秀的外交官。三年之后，他一定会外放去做大使，所以那三年时间就是我不管多辛苦，要把整个中国文化语言，整个把它学起来。我在美国是质优生，回到台湾，进入到我们中国人的一个教育系统，我就立刻留级，所以这第一点就是，我的移民方向跟人家是不同的，我接受文化的方向是跟人家不同的。然后这个计划，后来有另外一个更大的变数出现了，那就是我父亲生病了，然后他就过世了。当然我就不可能是他们原来想象的我，他们原来想象的我是什么，也就是那三年过了，我父亲在外放，然后我会在某一个地方，我们也不知道哪里，一定念的就是国际学校，然后我又回到那个让我跳级的那个环境里，然后我又可以成为质优生，然后我可能十六七岁就念大学了，肯定念的就是哈佛或者是什么，最后就是大家可以预期，因为我本来就是那样子一种感觉的一个小孩，你们以为那条路是好的，可是那条路不会带我到现在这个位子上，如果我没有真正浸泡到中国文化，然后认同它，我在台湾后来念初中、高中、大学，我觉得这些年，我所接触到的人、事，我交的朋友，我接触到的老师，让我深深地能够连接到我的根，那也就是中国文化的这个根。最后的结果就是，我知道我是谁了。

虽然我不完全清楚我要走什么方向，但是我可以感觉到，我是属于台湾，我是属于这边，对于一个外交子弟来讲，这个很重要，你到底属于哪一个世界。所以你们可以想象，这么一个小孩，这么一个小独角兽，他英文永远是考一百分，然后他其实认同了中国文化，考大学更不可思议的，我考上了台湾辅仁大学的英文系，那你说这个怎么说呢，我去念英文系干什么，因为英文系，一方面我轻松了，很多课我其实不用上，另外呢，我有更多的时间来找自己，于是我就开始玩音乐，也是不知道什么缘分，开始玩吉他。第一次我拿起吉他，很快就会弹，四个和弦一下学会，然后就发现有这四个和弦，大概可以唱个一百首歌，因为大家都是用这同样的四个和弦，然后我们几个朋友就在台北市最偏僻的一个角落，开了一个小咖啡馆，叫艾迪亚，就是“idea”，就是“idea house”，然后我们就在那边玩音乐。艾迪亚也就变成台北的一个小小的文化中心。

其实我当时对音乐听得很凶，也听得很偏，那个时代的流行音乐，到今天来讲，我都认为是一个人类的某一种文艺复兴时代，在60年代。你听现在所有的音乐，尤其我觉得嘻哈，整个变成当道之后，一切的主题就是我，所有的歌词都是我，而且最重要的是我要，我要什么，我要爱情，我要被爱，等等。那个时候不是这样子，那个时候你看排行榜，第一名的歌曲，它可能在讲的是世界需要什么，不是我需要什么，是我可以为世界做什么，所有的一些人性的价值，人类是一条心，我们要怎么样让明天更好，那就是要每一个人心中有更多的爱也好，或者更多的关怀，这就是我在年轻的时候得到的一个价值观，我觉得我们每一个，我那个时代的人，都是这样子的，我们是有很多的理想，这个理想都是希望我们能够为这个社会做点什么事吧，这句话听起来很奇怪吗。可是今天来讲，对于年轻人来讲，我觉得大家已经不太是这样在想事情了，大家还是要一个房子，要一个车子。说实话，我那个时候脑子里根本没有这些东西，根本没有在想这些东西，我觉得看到世界，世界有问题，那我们怎么去帮助这个世界，让它变得更好，就这么单纯。所以，要走跟别人不一样的路，要拥抱这样的理想，有那么难吗？我觉得一点都不难啊，这就是一种内心，你自己调整好，一个方向的一个问题而已。

我们艾迪亚是1973年成立的，我一直在那边表演到1978年，然后我就做了下一个重要的抉择，就是出国留学。我又回到美国，在加州伯克利大学，我念戏剧博士。我讲真的，他们凭什么收我，我真的不知道。第一天上课，我有9个同学，总共10个人，自我介绍的时候，都是挪威的著名导演、纽约的著名演员、伦敦的著名导演，然后UCLA（加利福尼亚大学洛杉矶分校）的硕士生已经过来了，我只有一个台湾辅仁大学英语系的学士学位，轮到我自我介绍，我只能说大家好，我来自中国台湾，我知道的不多，请多指教，就这样，他们也就不当我一回事，过了一年，这十个人已经变成五个人了，到了第三年，五个人变三个人了，我们学校非常严格的，这些人就被刷掉，被很无情地，就是说走，你不适合我们再见。最后三个人拿到学位，我是其中一位。

伯克利是一个我很推荐大家有机会的话去看一看的地方，在那里，我接触到我心中理想的一些真正实践，好比说全世界现在没有一个都市，没有这种人行道里面的一些斜坡给残障人士轮椅用的，当然伯克利就是全世界第一个有那个斜坡，50年代就有，你可以经常在校园里面看到各种各样的残疾人士。有一次我在从一个教室走到另外一个教室上课，走廊上人很多，然后我就瞄到一眼，看到一张床在那边行走，是怎么一回事，我再仔细一看，有一个人躺在那个床上，那个床就是他的轮椅，但是呢，他没有手没有脚，我说这是什么人啊，他有一个后视镜，他就用他的嘴巴在控制那张床，那张床就在走廊上走，没有人帮他，他就在那边走，我说我没看错吧，看着看着，他就进教室了，我记得我站在那个走廊上站了很久，直到人都没有了，我站在那边看，我就说真是一个伟大的学校，你可以让这样一个人，他四肢都没有了，但是他可以得到一个平等的教育机会。这个社会就是这样，他就是一个人，你不会说你坐在那个位子，会不会不舒服，要不要过来，他会很生气，他会觉得说你干吗，你把我当什么，那我心里正想讲，我把你当残疾人士。错！你要把我当一个人。所以这个价值，就是我在伯克利学会的。在艺术创作上，这个价值是非常非常重要的，因为我们在艺术上讲的是创意，创意这个东西是什么，在某一方面来看创意其实就是你要去掉概念，你脑子里有什么概念，你脑子里有残疾两个字，错！你应该去掉，你应该看到他，他是谁，那就是真正的他，所以我们一方面要做好一切的研究，一方面呢，又要放掉所有的概念，这个时候创意就容易来了。

所以我后来在伯克利几年下来，我去对地方了，因为它就是能够让我更看到你要走自己的路，首先你要认识自己，你要了解自己，然后你的路是要走去帮助别人的，而不是帮助自己，我觉得这就是伯克利给我一个最深的印象。什么叫伯克利精神？我觉得这就是伯克利精神。从1983年我就回到台湾，然后我开始教书，台湾没有现代戏剧的一个传承，于是我，我不像今天在座，如果你有上戏，有中戏的学生在的话，你要学习，你有一个传承，这个传承，它叫作曹禺，它叫作老舍，它叫作人艺，我们没有那些东西，什么都没有，我们是一个空的。那我要教什么，我要教学生什么，我要教莎士比亚。莎士比亚很伟大，很了不起，他的戏很棒，但是它是我们的东西吗，它不是啊，我那时候就觉得不行的，可能我这辈子，做的最重要的一个决定，就在那个时候，就是说我们不要走别人走的路，我反而要去开拓一条我完全不明白的一条路，那就是自己的戏剧创作。

于是就和学生开始做实验，我们的第一个作品叫作《我们都是这样长大的》。讲学生他们成长里面的一些关键性的一些经验。1984年的1月10号演出，我记得在台北一个礼堂里面，它也不是一个剧场，然后我们就自己搭了一个剧场，一百多个座位，演了两场，就是一个小戏，一个刚从国外回来的一个老师做的一个小作品，应该是无关紧要的，但是那天来看戏的，那两天来看戏的有什么人，有杨德昌老师、侯孝贤导演、朱天文、金士杰，这些人都跑来看，他们事后都跟我说，怎么弄得那么自然，我说学生嘛，他们在演自己的故事，可能就很自然，之后就开始跟他们合作。在一年之后就做了《那一夜我们说相声》，这也是一个非常另类的一个作品，想不到意外地成功了，我们没有想到，相声的没落甚至死亡在台湾，对任何的观众会有任何吸引力，结果演出一来，就一票难求，场场爆满，因为太轰动了，问下一个相声是什么呢，我说对不起，我们不是做相声的，我是做舞台剧的，舞台剧？什么是舞台剧？没关系，等着看嘛。第二年我们就推出了《暗恋桃花源》，那在某一个层面来讲，《暗恋桃花源》的影响力，是远超过《那一夜我们说相声》，后来也拍成电影。真的要拍电影，我们找谁啊？我们就找整个华语电影在那个时候最著名的一位明星，她就是林青霞。

我其实一直不断地被放在主流的位置，可是呢，我心中一直是，就是我说的那个，森林里面的那一只怪兽，我也不是想影响那么多人，我只能说我是幸运的，在我的时代里面，有人能够理解我的作品，我觉得这是一种幸福跟幸运，然后我是珍惜也接受，所以说把我推到主流，我也只能说接受，但是我的个性里面，还是那个只愿意走自己的路的一个人，而且这个路必须是要跟别人不同。

今天说到这儿，我还有一句话给年轻人，走自己的路没错，但走自己的路，最重要最重要的一个本钱，就是你要知道你是谁，你如果不知道你是谁，不要难为情，大部分人不知道自己是谁，你要愿意去花那个时间去寻找，找到之后，你了解到你在这个世界上是个什么位置，你能够做什么事，那你的潜力就真正可以发挥出来，你的路完全就是你自己独一无二的。

来源：赖声川励志演讲稿

人生就是一场寻找

其实在跟大家分享之前，我就必须澄清几个事儿，就是刚才荧幕上说，李连杰是慈善家，我完全不认同，我也从头到尾没想过做慈善家，今天呢，其实我想重点讲的，是我在一生的追寻中未来做些什么，但是在这个之前我必须跟大家汇报一下目前壹基金的一个状况，截止到二十四号，为了雅安地震，全国的百姓，特别是年轻的朋友，通过网络，通过各种手段向壹基金捐助，人次是四百九十七万人次，答应捐款的大约在三亿一千万左右，那到账的是两亿八千多万，我为什么要说这个呢，其实我是想说，这个就是原始创立壹基金的一些梦想。

为什么我当时去创立这个壹基金？是因为八十年代九十年代，我看了很多的灾难，我自己也亲身经历了一次，差点走。其实当时我在想人类能不能有多一点的方法，不仅仅是在每一次灾难的时候，我们大家才想起来努力地去帮助那些灾民。所以我现在扮演什么角色？我在壹基金里面只是一个义工，我没想做雷锋，我也不认为壹基金是一个要无数雷锋的组织。我觉得就是简简单单的普通百姓，我只觉得我是一个细胞，我有义务去跟别人分享说我们一起来做，我们的这个整体会更好，所以我更多地把慈善和公益分开。慈善是什么？慈善更多的是感性，就是说我们听到某个人受到伤害了，他需要换血，他需要什么，我们都会去帮他，帮过了这个坎儿，就算了。公益是什么？公众的利益，您的利益，他的利益，就牵扯到我们每一个人了，我不是在帮别人，我是在帮自己。所以公益是一个非常理性非常持久的事。

到了2011年，壹基金公募，其实它是我第二个梦想，但今天我其实更想讲的是我现在在做的，探索的我人生的第四步，应当做些什么。其实已经开步了，开步源于2009年，马云打电话给我，“我写了个剧本，我想做导演。”我觉得马云先生，突然疯狂到写了个剧本，想做导演？那我说什么故事啊？“太极禅！”我觉得挺疯狂的。其实我们年龄都差不多，但是有时候挺童真的，跟坐在这儿的所有年轻的朋友都一样，有时候企业家在一起也挺疯狂的，我们就带了几个朋友，包括王中军啊、沈国军啊，几个老板一起去找素材，完了以后就聊到一特好玩的事，我就跟大家分享一下，马云说：“哎，王中军，其实你应当演慈禧，反串一下。”我说：“对，让那个牛根生到天桥挤奶，完了让这个朱新礼，汇源果汁的老板榨果汁，史玉柱来一个算命先生，吉利汽车的老板拉着平板车喊老爷吉祥。”旁边的沈国军就说：“那我演什么呀？”他呢，特帅，平时穿的衣服也特讲究，我说：“你怎么都得弄个王爷吧！”他说：“对对对！”特别认真地说：“对，对，我做王爷，那多帅啊。”其实挺疯狂，但是当疯狂之后，其实也在聊未来怎么做。当我想到太极的时候，我相信很多年轻人都跟我想得差不多，太极嘛，跟我有什么关系啊，我一个大学要毕业的，这个对我的生活对我的未来有什么帮助？其实这个东西，如果你想了解，如果你分享，对你的日常生活非常重要。因为我们现在面对的生活，和未来十年二十年的生活，我们要求火车更快、飞机更快、汽车更快，我们要求网络更快，我们要求快点儿上完大学，快点儿毕业，快点儿打工，快点儿创业，快点儿成功，所以在所有人都追求快的时候，这个可能又面对着一个失衡，那么如何找到对你有用的信息、有用的生活方式，找到那个平衡，这个是非常重要的。

所以当我们画出这个世界的时候，我们太极禅希望推动的是什么？是健康，快乐。所以马云给一个定义：太极禅是21世纪的一种生活的态度。

我们太极禅相信有三样东西是必须要坚持的，第一个是感恩，因为当我认为生命开始的时候，一直到生命结束，头半段是要别人帮忙的，我常常开玩笑说，“到最后的时候，还得人帮忙按一个电钮才能把我烧了，别这么严肃，挺好玩的。”那些是事实，小时候让人照顾，尾巴要人照顾。第二个是你要承担，承担做儿女的责任，承担你做一个大学生的责任，将来你做老板，你也可以承担一些东西，承担是我们坚信非常有必要的事。第三个就是分享，我觉得分享非常重要，因为不管我们相不相信，其实每个人都在做，在您有喜悦的时候，您愿意跟别人分享，告诉别人我进哪个公司了，告诉你我考上哪个大学了，包括我痛苦的时候，一定有好朋友、长辈帮你疏解困难，把这个感情放出去，所以分享也是非常重要的。

很多人说生命是平等的。但是对很多人说，根本不可能，对吧，他是柳传志，他是马云，他是名人，我怎么会跟他平等？其实我个人在那个时候的思考，我们生是平等的，而且我们是光着来的，我们走的时候是平等的，反正都要走，所以还有一个，我们的喜怒哀乐是平等的，就普通的百姓可能为几万块钱在着急，为孩子上学在着急，但有一部分人可能为几百万几千万在着急，还有一部分为几亿和几十亿着急，着急是一样的。面对生命的挑战也是一样的，可能很多的年轻朋友，你面对的是就业、买房、建立自己的家庭，选择自己未来的创业，这个东西每天使你难受，每天使你奋斗，每天使你犹豫，但是，我给你讲我另外一个朋友，但我不能说出他的名字，他曾经是全世界最有权力的人，他一说话，基本上有一千个人在旁边马上去行动，但是当他离开那个岗位的时候，他带了六个人重新创业，走到一个租来的办公室，坐在那里。他同样面对人生未来的选择，所以每一个人都在选择，每天都在选择，所以当我刚才听到大家说毕业了啊，特别高兴，我也替大家高兴，但是我庆幸我没毕业，因为我每天都要学。

我是那个时候去想通了这个事儿，所以我觉得有两点，对我的人生有非常大的帮助，你会发现有一句话叫我需要什么？What I need（我需要什么）。一日三餐，还有一个吃完了去的地方，这是真正我们需要的，但是恰恰我们认为，我想要的是什么，想清楚什么是我需要的，什么是我想要的非常重要。面对着痛苦，面对着灾难，面对着很多问题，我们都有负面的情绪，都有不开心，不但您不开心，每一个人都不开心，因为对于塞车来讲，有没有钱都在那塞着，是吧。

我可以跟大家分享，快乐是因为我首先要了解痛苦，当我把痛苦了解清楚了，剩下的东西就是快乐了，我一直说网络上有很多人，攻击我骂我，我的朋友老说："你去反击啊，你去澄清啊。"不需要，我只担心骂我的人快不快乐，因为没有的事我不需要澄清，你骂完了如果你开心我喜欢，你骂完了还痛苦，你骂了我十年，还是这样，伤您的身体，但是我会随时用您骂和没骂的这个东西提醒自己，努力做好一个细胞的工作，所以开心和不开心，关键在于你怎么看。我希望今天借这个机会使在场的和您的家人、电视机前的所有人，健康快乐。

来源：《开讲啦》李连杰演讲稿

出发，什么时候都不晚

我还是讲一讲刚才撒贝宁提到的那个电影，当时剧组在选演员的时候，本来选的另外一个演员来演这个孟晓骏，那个演员据说就是黄渤！后来我说："黄渤！"然后那个剧组的领导说，看了我一眼说："黄渤比你丑不到哪里去啊！"这个时候我才知道自己的真实形象是什么，居然不如黄渤！我要讲的题目叫《出发，什么时候都可以》这个题目其实对我来说，我觉得无比适合。因为我自己觉得我的一生都是许多迟到的参与。我对自己人生每个阶段，都不是很满意，总觉得有问题，但是回过头来看呢，可能恰恰是因为这些问题，这些失误甚至叫错误，导致了阴差阳错的某种幸运的结果。所以当你自己觉得倒霉的时候，不要灰心，不要丧气，因为更大的倒霉会接踵而至，两个倒霉加在一起呢可能就是一个幸运，这就是我要讲的故事。

2006年的时候，新东方上市，我去了纳斯达克，那天早晨我是第一个到达华尔街的。华尔街是一条很小的街，墙街。然后我走到那去，我心里在祈祷本·拉登如果要来攻击美国的话，最好今天不要来，否则一来的话，我们的上市就要推迟了。上市对一个创业者来说是最最重要的时刻之一，它既是你过去奋斗的一个终点，更是你未来梦想的一个起点。所以在那一瞬间我觉得自己的事业达到了顶峰，但是接下来的事，我完全没想到。我作为早期的创始人，因为种种原因必须下车。那么可能很多人认为太好了，你既有钱又有时间对吧，又有丰富的人生经验，这个时候似乎你做什么都可以，但是我陷入了一个低潮，为什么？因为我整个人生最宝贵的岁月就是1996年到2006年，新东方十年。把所有的时间精力，激情和梦想啊，都倾注在这个事业里边，日日夜夜地和俞敏洪、王强，吵也好闹也好，笑也好哭也好，那个真的是人生最最美好、最最充实的时刻。

突然之间失去了这一切，我依然可以跟老俞和王强吃饭、喝酒、聊天，但是我们再也没有一个叫作需求来共同来商量新东方的战略、新东方的愿景。我想我可以重新出发，离开珠穆朗玛峰，还可以去北极，还可以登南极，还可以去征服五洲大洋嘛！就在这个时候呢，许多上过新东方的同学，很多都是学成回来的来找我，徐老师，我上过新东方，我说：“挺好！”他说：“这个还不够好，我还要你支持我。”我说：

“我支持你，支持你干吗？”“支持我创业”，他说：“口头支持不够，你要给我钱！”我说：“我凭什么给你钱？”他说：“我当年给过你们钱！”就是这个2006年，这个郁闷中开始的一个事儿让我走到了今天，成为一个专业的天使投资人。这个中间的艰难、曲折、亏损对吧，这个脸上强颜欢笑给人家钱，心里流着血，对吧。想这个钱又回不来了，这种时候有很多很多，但是呢，我认准了这条路，因为我知道我们能够创造新的奇迹，能够创造更多的中国梦！

我的每一个生活的转折点都有危机潜伏。我是在1983年从中央音乐学院毕业分配到北大的。在那儿认识了俞敏洪、王强，有时候我会说还有李克强。但是我去北大的时候，我已经整整27岁了，我18岁的时候还没有恢复高考，你想想18岁，求知欲那么旺盛，却没有大学可上，人生该多么郁闷！那时候真的没有书读，但是我们只要找到一本书能把它从头背到尾，从尾背到头，没有老师给我们讲，我们把它背下来，后来才知道这采取了中国古代最伟大的传统的学习法，对不对？死记硬背！所以在座的每一个同学都难以想象，我在那个中学到大学，这个之间的四年，读书是多么难，但就这样我居然在恢复高考的时候已经准备好了，就直接考上了中央音乐学院。后来呢，5年以后，我去了北大，我遇到王强，我说：“王强，你是几岁上的大学？”王强说：“16岁！”我一听崩溃了，你知道吗，后来过了好久我遇到老俞，我说：“老俞，你是几岁上的大学？”老俞说：“我是21岁上的大学！”我当时就很开心，紧紧地拥抱他，因为我知道老俞21岁上大学不是因为特殊时期。我当时是一个实实在在的同志，有从政的梦想，我觉得这个是80年代的理想主义。但是去了以后我就发现一个问题，就是说一句话吧，我不适合做这件事儿，我没这个能力，而这个发现对我来说是相当大的一个打击，因为我在音乐学院5年的时候又发现了另外一个问题，我发现我自己并不喜欢音乐，所以这个时候实际上可以说陷入了迷茫和困惑。迷茫来迷茫去，我中间还考过两次研究生，考过一次北大中文系的研究生失败了，考过一次复旦大学新闻系的研究生也失败了，对吧，几条路都封死了，我就想出国吧。那时候跟王强在一起，老俞也想出国，众所周知老俞没出去。后来拿到了加拿大一个大学的奖学金就走了。

到了加拿大，我以为自己是留学生又是天之骄子，结果没想到，到了那儿，我发现了一个事实，那个大学虽然一般人不知道，但是有500个中国学生，全是硕士博士！所以当你发现身边所有的人跟你一样，都拿着奖学金，都在那儿苦苦奋斗的时候，这点优势就没有了。最严重的是等到我拿到硕士学位，发现一个更灾难性的问题，找不到工作。我在加拿大做过一份工作就是送比萨饼，就是外卖员。现在我在北京，无论谁送什么东西来我一定要本能地给他一点钱，我一定要亲自给他打开一瓶可乐，打开一瓶水。因为我在国外的时候，无论是在餐馆工作还是去送比萨，心里想的其实就是20块钱的比萨饼，那个人能不能给我2块钱小费。我有一次送了一个人家，送得很晚很晚，找了半天没找到，最后打了七八个电话才终于找到那儿，因为洋人他的消费者权利意识非常强大，你要是送晚了他就会很愤怒，那个人走过来，也没有责备我，给了我5美元，但是这个我终生难忘，回去以后就感到无比的温暖，当你正倒霉的时候你不要忘记，许多最爱你的人，对你有无限的期待和关切，当你自己在成功的时候，那更不能忘记；你有责任为过去的你、为依然在挣扎的你，能够让他感觉到，因为你的存在，而获得一股力量、一丝温暖、一份信心。

我假如有什么值得大家学习的东西，在这一瞬间，就是对自己的一种信念，我觉得我可以做更好的事儿，我可以做更多的事儿，只不过这个机会没有到来，但是呢，正是这种不断地坚持，对自己的信念，和对未来的信念，当然也有对合作者、对朋友、对家人的一种无条件的信任。我就希望同学们在人生奋斗的道路上能够记住，只要你不放弃自我，只要你不放弃信心，获得的收获远远多于我们，所以信任也是人生财富最宝贵的重来。就在我的人生枝头，因为信任而结出的果实，因为轻信而丢弃的那些东西，所以信任他人的能力也是人生收获的一个极其重要的品质。我也希望同学们能够拥有这个品质。

来源：《开讲啦》徐小平演讲稿

第二章

拼命做个人上人

慎独，是自律的最高层次

对“慎独”的通俗理解是：谨慎独处，在没有别人在场和监督的时候，也能够严格要求自己。

不做违背道德的事，不做违纪违法的事，不做违背良心的事，这就叫作慎独。

在别人不能看见的时候，能慎重行事；在别人不能听到的时候，能保持清醒。不要认为隐藏的和危险的过失，就可以去做，而放松对自己的要求。

因此，当独自一人时，同样要严格要求自己，防微杜渐，自重自爱，把握住自己。

“慎独”，出自《礼记·中庸》：“君子戒慎乎其所不睹，恐惧乎其所不闻。莫见乎隐，莫显乎微，故君子慎其独也。”

意思是最隐蔽的东西最能体现一个人的品质，最微小的东西最能看出一个人的灵魂，有道德的人在独处时，也不会做任何不道德的事。

对“慎独”的通俗理解便是谨慎独处——在没有别人在场和监督的时候，也能够严格要求自己，不做违背良心、表里不一、没有素质的事。

一句话，任何时候都绝不放松对自己的要求。

品悟起来，慎独，乃是一种君子的人格，一种高度自律的素质，一种良心的光明坦荡，一种高贵的修养，一种人生的境界。

而这，就是高贵。

慎独，是一种君子的人格

《中庸》说，君子慎独。

《论语》中也有这样一段对话：“子贡问君子。子曰：先行其言而后从之 。”怎样才能成为一个君子？先做到了再去说，这就是一个君子。

这句话一语道破君子素养的要诀所在——知行合一。一个可以称为君子的人，在任何时候都能够严格要求自己，做到言行如一、心口如一、始终如一，人前人后一个样。

而这些，正是慎独的根本要义。

所以慎独，是一种君子的人格，而且是基本人格、第一人格。

慎独，是一种良心的坦荡

无论是春秋时柳下惠的坐怀不乱，三国时刘备的“勿以恶小而为之，勿以善小而不为”，还是元代时许衡的“梨虽无主，我心有主”，都体现出一种对心中自律的坚守，一种良心的坦荡。

《后汉书》载，东汉安帝时，荆州刺史杨震赴任途中，途径昌邑，昌邑县令王密曾受杨震提携之恩，为表感谢，王密“至夜怀金十斤以遗震”。

杨震却拒绝接受，王密劝道：“暮夜无知者。”杨震说：“天知，神知，我知，子知。何谓无知？”王密听后，“羞愧而出”。

世间口若悬河、信誓旦旦之人太多，但像杨震这样做人坦荡，即使没人监督，心却一如既往，遵从自己良心的人，却寥寥无几。

所以，慎独就是老老实实面对良知，清清白白面对自己，坦坦荡荡面对这个世界，用一颗干干净净的心，换来高贵的人格。

慎独，是一种高度自律的素质

说到底，慎独就是一种高度的自律。自律是人通过对自己情绪和思维的控制，来达到主动行动的能力。

“慎独”的前提是坚定的内心信念和良知，是以自己的道德意识为约束力。自律的最高层次，便是慎独。

如何做到呢？需要从以下几个方面入手。

慎言。“慎言以养其德，节食以养其体”，人在生活中最多的就是说话，所以慎言是修养自己的第一步。

“修己以清心为要，涉世以慎言为先”，慎言还是处世最重要的一方面。所谓“良言一句三冬暖，恶语伤人六月寒”“祸从口出，病从口入”，慎言与否，关乎成败。

慎行。慎行是一种修养和品格，反映着内心原则操守的清晰、坚定与否。“行谨则能坚其志，言谨则能崇其德”，懂得“慎行”的人，必定志存高远，脚步踏实。世事复杂险恶，也需要靠慎行去保证一个安稳周全。

慎微。“慎微”是不忽视细节，是对事物一丝不苟的态度。《老子》言：“天下难事，必作于易；天下大事，必作于细。”很多时候，细节决定成败，图大者当谨于微。

慎欲。心欲伤神，肉欲伤身。“欲虽不可尽，可以近尽也；欲虽不可去，求可节也。”

我们每个人都做不到完全消除欲望，但起码可以节制，不受欲望摆布，成为欲望的奴隶。老子言：“知足不辱，知止不殆，可以长久。”

慎友。“近朱者赤，近墨者黑”，人生中最大的悲哀莫过于交友不慎。看人不要只看表面，要在多观察、多了解的基础上，再决定交与不交。

慎初。对于人生，忘了初心，就等于入了歧路，走得越远便越空虚，因为那必定都不是你真正想要的。

对于做人，任何事情只要做了第一次，便必定有第二次、第三次……如果是迈出恶的一步，就是走向恶的深渊。所以一定要慎初，当其时，是非善恶，就在一念之间。

慎终。老子言："慎终如始，则无败事。"如果能始终如一，持之以恒，到最后还像开始时那样严格要求自己，那么事情的成功率就会大大提高。太多的失败，都是败在了最后一段路。

慎独，是一种高贵的修养

慎独，需要的是内心的定力。定力，却是需要修炼的。

被称为"立德立功立言三不朽，为师为将为相一完人"的晚清名臣曾国藩，就非常注重"慎独"的修炼。

他临终时只给子孙留下四条遗训，第一条就是"慎独则心安"——如果能做到慎独，则内心坦荡，心中无愧疚之事，人也就可以泰然处之。这是自强之道，也是修身之本。

曾国藩还曾在家书中说："慎独则心安。自修之道，莫难于养心，心既知有善知有恶，而不能实用其力，以为善去恶，则谓之自欺。方寸之自欺与否，盖他人所不及知，而己独知之……”

曾国藩32岁那年，给自己订了个日课册，规定了自己每天必做的十二件事：主敬、静坐、早起、读书不二、读史、日知所亡、月无忘所能、谨言、养气、保身、作字、夜不出门。一以贯之，坚持下来。他正是凭借这种严格的修身成就功名，并树立了做人的标杆。

这为我们指出的，就是修炼慎独工夫的最切实可行之法——为自己规定必须遵守的规矩，为自己制定必须要做的事情，然后坚定遵守、坚持做下去，以磨砺自己的心性，沉淀自己的修养，不因无人监督而放纵和荒废。

慎独，就体现在日常生活的细节小事中，除了一份高度的警觉之心，就是要切实扎实地去做。定力，就来自这样一点一滴的积累中。

最大的高贵，是内心的定力。一个高贵的人，是能做得了自己主的人。

慎独，是一种人生的境界

南宋陆九渊也说：“慎独即不自欺。”慎独之时，人主要面对的是自己，是与自己的内心赤膊相见。

能做到慎独的人，是战胜了自己的人。

老子言：“胜人者有力，自胜者强。”能自胜，才称得上强大；内心强大，才是真正的强大。

这样的人，才能获得真正的安定和富足。面对世间的欲望滚滚、命运的荣辱沉浮、人生的成败得失，守得住自己，约得住行为，不崩溃，不放纵。

这是一种能力，也是一种境界。与自己相处是能力，与自己相处好才是境界。所谓慎独，正是与自己好好相处，并找到那个更好的自己。

以上种种，无一不是自律慎独、道德完善的体现。古代先贤在道德修养方面十分讲究“慎独”，因为一个人只有独自一人时，才会表现出自己的真实道德修养来。

来源：搜狐网

你养我长大，我陪你变老

大家好，我叫王帆，来自北京大学。我特别热爱传媒，本科学电影，硕士学电视，博士学传播。朋友眼中呢，我是一个80后的知识女青年，但是我拒绝整天泡在图书馆，也不会挑灯夜战，我认为真正的知识，应该来源于丰富的生活，逛街购物，遍尝美食，独立旅行，知识总是在不断地尝试和体验中给我惊喜。说话也是我生活当中最重要的体验之一，我有足够的细腻的内心去体察别人不曾发现的细节，我也有充分的勇气去说出别人不敢说的话，我是勇者，我敢言。

我是一个80后，顾名思义，80后就是指1980年到1989年出生的人。但是在中国，我们80后还有一层比较特殊的含义，它其实是指在20世纪80年代初，中国正式实施计划生育政策之后出生的第一代独生子女。

我们一出生，就得了一个国家级证书，叫独生子女证。

这个证可以保证我们能够独享父母的宠爱，但是这个证，也要求我们要承担赡养父母的全部责任。最开始我是觉得，如果想做一个好女儿，那我肯定得挣很多的钱，然后让我爸妈过上特别好的生活。

我从上大学开始就经济独立，我所有的假期都在工作，所以我的父母几乎一整年都见不到我两次。对于很多像我这样在外求学工作打拼的独生子女来说，咱们的父母都变成了空巢老人。有一天，我妈给我打电话说，早上你爸坐在床边，在那掉眼泪，说想女儿了。你知道我当时第一反应是什么吗？哟，至于吗？您这大老爷们还玻璃心哪，天天给自己加戏在那。

但是后来有一次我回家，那个下午，我永远记得。老爸侧坐在窗前，虽然依旧虎背熊腰，但腰板没以前直了，头发也没以前挺了，他摆弄着窗台上的花儿说了一句："爸爸没有妈妈了。"爸爸没有妈妈了，大家觉得这句话在表达什么？悲伤？软弱？求呵护？我只记得我小时候，如果梦到我妈妈不要我了，我就会哭醒，我特别难过，但我从来都没有想过：爸爸没有妈妈了，是一种什么样的感觉呢？我发现这个在我印象当中无比坚不可摧、高大威猛的男人，突然间老了。

"爸爸没有妈妈了"，表达的不是悲伤，也不是软弱，而是依赖。父母其实是我们每个人最大的依赖，而当我们的父母失去了他们的父母，他们还能依赖谁呢？所以在那一刻我才意识到，父母比任何时候都需要我，而且他们后半辈子能依赖的只有我。

我得养他陪他，把我所有的爱都给他，就像他一直对我那样，我要让他知道，即使你没有妈妈了，你还有我。所以从那以后，我愿意适当地推掉一些工作、聚会，我挤时间多回家，我陪他们去旅行，而不再是把钱交到旅行社，让别人带他们去。因为我明白了一点，赡养父母，绝对不是把钱给父母让他们独自去面对生活，而应该是我们参与他们的生活，我们陪伴他们享受生活。

所以，我每次回家，就会带我妈去洗浴中心享受一把。有一次我正给我妈吹头发，旁边一位阿姨说："你女儿真孝顺。"我妈说："大家都说女儿是小棉袄，我女儿是羽绒服！"幸亏没说军大衣。那阿姨说："我儿子也特孝顺，在美国，每年都回来带我们去旅游。"说着阿姨还把手机掏出来了，给我妈看照片，说你看我儿子多帅，一米八五大个，年薪也好几十万。

我当时有点觉得话锋不对，为什么呢？当一位阿姨向你的妈妈展示他儿子的照片，并且报上了身高体重年薪的时候，笑的都是相过亲的，你懂的。就在这个时候，阿姨说了一句让我们全场人都傻了的话，她说，可惜不在了，不在了。原来就在去年，阿姨唯一的儿子在拉着他们老两口在旅行的高速公路上，车祸身亡。

在那一刻，我真的不知道说什么去安慰那位阿姨，我就想伸出手去抱抱她。可当我伸出手的那一刻，阿姨的眼泪就开始哗哗地往下流。我抱着她，我能感受到她那种身体的颤抖，我也能够感受到她是多么希望有个孩子能抱一抱她。也就是从那一刻，我特别害怕，我不是害怕父母离开我，我怕我会离开他们。而且经过这件事，我对于一句话的理解有了更深入的这样的感觉，叫作“身体发肤受之父母，不敢毁伤”，原来我只觉得这句话应该是我应该珍惜自己的身体，珍惜自己的生命，别让爸妈担心，对吧？但是现在我发现，不仅如此，我们对待别人，也要这样。

因为每一个人，都意味着一个家！

所以我现在每一次在跟父母分别的时候，我都会紧紧地抱抱他们，在他们脸上亲一下。可能像拥抱亲吻这种事，对于我们大多数中国父母来讲都一开始是拒绝的，但是请大家相信我，只要你坚持去做，你用力地把她搂过来，你狠狠地在她脸上亲一下，慢慢地她就会习惯。像我现在走的时候，我妈就自然地把脸送过来。这样他们就会知道，你在表达爱。

我想作为独生子女，我们确实承担着赡养父母的全部压力，但是我们的父母承担着世界上最大的风险，可是他们从不言说，也不展现自己的脆弱。你打电话他们说家里一切都好的时候，他们真的好吗？

作为子女，我们要善于看穿父母的坚强，这件事越早越好，不要等到来不及了，也不要等到没有机会了，就像所有的父母都不愿意缺席子女的成长，我们也不应该缺席他们的衰老。

龙应台有一篇《目送》，她在结尾告诉我们，不必追。可是今天我想告诉大家，我们就得追，而且我们要从今天开始追！提早追！大步追！至亲至情，不应该是看着彼此渐行渐远的背影，而应该是你养我长大，我陪你变老。

来源：《我是演说家》王帆演讲稿

时间会为你证明

很多人是通过《传奇》认识了我，《传奇》是在2003年写的一首歌曲，今年正好2013年，已经过去十年了。它是我第一张唱片的第九首歌，其实是一首很被忽视的歌曲。

有一次采访，许戈辉问我，她说李健，十年了，是不是对你来讲是一个里程碑？我想想，我觉得应该是一个里程，碑就算了，碑很不吉利。

十年应该可以总结一下，所以我今天来的时候，我翻了翻以前的那些日记。我就从最早的一个下午说起，那是1988年6月23日的下午，当时我坐在家里，看着阳台外面，突然间有个想法，我能不能学门儿乐器。因为之前看了好几个电影，都跟吉他、跟钢琴、跟口琴有关。口琴是没法学，因为学完之后就没法唱了，钢琴呢，又大又贵，就算了，吉他我觉得应该可以。所以我就看一个小广告，好像是各种吉他班，有二十块钱、三十块钱一个月，我看了一个四块钱的，当时也比较懂事，希望能够省点儿钱，就报了一个四块钱的吉他班。但是如果继续学下去呢，就开始涨价了，然后呢，帮老师调琴啊、扫地，老师就没收我学费，让我继续跟着学下去。

说心里话，我也没太想过到底是什么理想，我觉得在我的少年时光里面找到了音乐，是一个特别幸运的事情，从此之后有了很多精神世界。当时和现在很多这个学生讲说，为了追女孩儿才学吉他，但我当时真不是，还是很被音乐、被吉他所迷恋。

其实我小的时候对自己唱功并不自信，因为小的时候是跟爸爸学京剧，把那嗓子唱得很哑，后来哑了之后呢，就不愿意多说话，老师也不愿意叫你，多多少少有点儿沉默，所以养成了一个自言自语的习惯。我想很多时候还是因为孤独，才会自言自语，孤独导致幻想，幻想导致创作，我想这是一个特别好的说法。我也说不清这种孤独感，到底是什么。

其实直到大学的时候，对我来讲才真正意味着成长。我们班有四个女同学，二十九个男生，女生长得都非常善良，长得也很端庄，但是都不是我喜欢的类型。其实这样也很好，大学时候就可以安安静静地看书、学习。我在中学成绩很好，没有太费什么力气都能做到前几名，那清华就不一样了。

我们宿舍有六个人，每个人都有一技之长，我记得特别清楚，我的上铺是一个对哲学很感兴趣的人，当时他大一的时候就看黑格尔。另外一个同学是不停地学语言，学英语、学日语、学法语、学德语，当我们做阅读理解，很难读懂的时候，他却暗暗地点头说这人的文笔还不错。所以会发现有很多人，他在各个方面有很多特长。

学习呢，也有一些奥林匹克数学金牌、物理金牌在我们班里，他们也不费什么力气就总是能考到97分啊98分。甚至有人达到105分，你知道为什么会有105分，因为答得特别好，所以教授多给了五分。但对我来讲不一样，我觉得我可以通过努力、通过勤奋，六七十分、顶多八十分算不错了。那个时候你会发现原来学数学、学物理都是有很多区分的，有很多需要天赋的。

但是我参加的一些歌唱比赛，只要我能参加的比赛，基本上成绩都很好，或者是不谦虚地说，都是第一名。所以我觉得这个对我来讲，是很受鼓励的。

大学毕业的时候，好像刚刚有人会了解了我一些，原来李健并不是天天拿着吉他玩啊闹啊，他还写了一些作品。当时我还开了大学毕业的一个音乐会，那个会让一些教授们了解了，啊，他还真是学东西。我想说今天主要讲的是，有些才能只有时间才会证明给你。

但那个鼓励随着毕业就烟消云散，我毕业之后去了广电总局，当了一个网络工程师，带着所有像今天的朋友一样对社会、对未来的一个憧憬去工作。工作对我来讲是一个打击，为什么说是打击，因为你在清华里面的时候，被称为“天之骄子”，但你到社会的时候，基本就是最无力的一群人，因为你刚刚毕业，我想今天你们依然是这样。你发现你所做的工作，跟你学的完全没关系。

开始就做一些体力活儿，天天拎水啊、接人送人啊，还有一些热心的老大姐，老给你介绍女朋友什么的，还嘘寒问暖，当然很关心你，但他们那个环境对我来讲还是有一些苦闷，因为你找不到自己的成就感。

当时最困惑的时候，大学的校友，就是现在的水木年华的卢庚戌找我，说李健，你还想不想唱歌，想不想一起唱歌？直到前些日子他又给我打电话，还问我这个问题。我说怎么唱，去哪儿唱？他说咱们当歌手啊，咱们可以出唱片，那个对我来讲是生活的一个惊醒。我觉得对我来讲，那可能是另一番天地吧，能够迅速逃离朝九晚五，但是恰恰没告诉我，当歌手刚开始是不能赚钱，是无法生活的。我就很冲动地辞掉了工作，悄悄地就跟卢庚戌去唱歌去了，家里根本不知道我已经不工作了。其实现在想起来，很多人会觉得很武断，如果你唱歌没唱出来怎么办？我觉得年轻人其实就应该勇敢一点儿，我觉得以前的人比现在的年轻人更勇敢。可能现在顾忌的东西太多了，你可能知道太多，知道太多可能不是什么好事儿。

所以我就跟卢庚戌唱歌，一切都很新鲜，一切都很为难。全国各地去做节目，当时很高兴总坐飞机，住各种酒店，住各种不太好的酒店。然后最为难的事情就是，做一个歌手应该有的那些训练我都没有。比方说怎么在台上表演，我很多时候是别人告诉我，说李健，今天晚上要播你们水木年华的节目了。我说天哪，一定不能让更多人知道，一定不能让我妈知道，就是特别害怕看自己，那段时间既快乐也纠结。

但我还算很幸运，因为当时清华的两个毕业生做一个组合，很受关注。九个月就用现在话来讲就所谓红了，然后得了很多奖。我记得最大的一次颁奖典礼是星空音乐台吧，我们是内地当年成绩最好的一个新人组合，港台分别是F4跟陈冠希。但是当时我一上场就紧张，因为我发现他们的人气特别高，而且又帅，陈冠希又很会表演，所以上场之前准备好的那些东西，又全都忘了。然后上台也慌了，估计肯定跑调了，因为我看见底下孙楠和田震在笑我俩，好像就唱《一生有你》。所以整个的那个阶段，是完全硬着头皮上。

做组合其实是对一个人来讲是需要一种考验，需要一个长时间的磨合。其实对我来讲，离开水木年华，并不是有多么困难的事情。我觉得音乐是一个特别有趣的事情，你不能对它有任何含糊。你的唱片里面，一定要都是自己喜欢的歌，可能某些歌，当时别人会有质疑。就像《传奇》一样，当时这是一首那么慢的歌，在2003年、2004年是一个很中国风、很电子、很R&B的时候，它太格格不入了。但是我喜欢，那没有人听、没有人看好也没关系。

我觉得周杰伦有一句话说得特别好，“最大的突破就是没有突破”。一个人做的事情是有限的，但看似有限的一件事情里面，其实可以做成很无限。那你是做这样的音乐，并不代表你所有歌都一样的，你一样可以做得非常丰富。做这行的人应该淡化歌手、明星这样的一个身份，因为老抓那个东西你会很痛苦。你总在比，永远会有人比你更帅，永远有人会比你运气更好，需要的就是自己逐渐强大，这个强大也是需要很多机缘的。像春晚王菲这样的一个机会，你很难描述它是不是每一个人，都有这样的一个机会。但是这样的机会给你的时候，就像我原来说，你只有一首《传奇》是不行的，你必须要有很多作品。你所有的那些积累，可能就是为那样的一个真正的机会所准备的。其实很多机会都不是机会，真正的机会也就那么一两次。张爱玲说成名要趁早，但我觉得成名应该晚一点，尤其是做这行的人。因为一旦你成名之后，你会发现你的时间越来越少，属于你的真正的积累也会很少。

三十而立是不正确的，三十很难立起来。所以年轻的朋友们不要太着急，不能像我当时老想这句话，我觉得四十能立就不错了，真是这样的。

在人成长的阶段，你经常会遇到一些权威，我以前就会见到一些特别显赫的人，比方说一个导演啊，或者是一个教授啊，总是紧张，但后来我慢慢地消解自己，消除这种不太好的感觉。其实任何一个伟大的人的伟大都是用卑微来换取的，真的。

这条路就充满了无数的变数，比方说你面临的问题是一个又一个，没成名的时候，别人会想你要成名，成名之后，也有人问你，你接下来怎么办。2010年以后，《传奇》走向千家万户，很多人就开始问我基本一样的问题。比方说，王菲又怎么样了？怎么找到你？如果没有王菲唱这首歌，你还会坚持吗？更多问题是，一个歌手成名之后，面对名利时候，他还会创作出好作品吗？

其实真正的艺术家，钱还有你所谓的名利，只能会帮到你，只能会让你激发出更多的灵感。如果你轻易地被所谓的那些名利击倒，那你太脆弱了。你连这样的一个事情，都无法坚持自己，那你的成名是太运气，或者是说太荒诞了。

其实这个行业虽然没有规律，但也有规律可循，就是你要不断地提醒自己，名声就像我原来在微博说的一样，就是一个误解的总和。我觉得今年我39岁，我很幸运我成名得晚一些，我觉得对生活还有一个不断提醒、不断往前走的愿望。

所以我觉得非常感谢今天来的很多青年朋友，我不太会说教，我只是分享自己的一点儿生活经验。成功晚来一些更好，然后面对那些所谓的权威、显赫的人，不要太害怕。因为他们也走过你今天的路，有多少所谓的闪光，就有多少灰暗的时刻，任何时候都应该看清自己，别觉得自己那么渺小，也别觉得自己那么伟大。

来源：《开讲啦》李健演讲稿

没有不努力的天才

很兴奋，因为是除了在赛场上，我又在一个不一样的现场，能够跟这么多的精英见面，我并不紧张，我可能也习惯了吧。

第一次接触台球是因为我爸爸。当时我们家楼下有个小卖店，店里面有两张北方的那种球台，一开始看大人们玩，我不知道这是个什么东西，看不懂规则，我就知道把那球打进去，就挺好玩的，后来我也想上去试试，但是我肯定不会跟他们玩。然后我就去边上那张坏的台子，拿一杆就往那一捅。后来也是听我父亲说的，我完全没有印象。他说我帮他打了一盘球，把他那个朋友打赢了，这个我一点印象都没有。我爸爸是听了朋友的一些建议，他说这小孩对球的感觉特别好，希望我爸爸能够让我去学习一下，去练一下，看看怎么样。紧接着我爸爸就把我带到那种正规的俱乐部，我那时候就接触上了斯诺克。那台子好大好大，我基本上就是踮着脚才能打球。

直到两年以后，我在十岁的时候打了第一杆过百。当时，宜兴也开了个球房，我爸爸希望给我有个更好的训练环境。后来为什么去广东，因为斯诺克台球最大的影响来自于香港。随着它慢慢地转到大陆来，再从广东那边传过来的。国内所有的打得最好的选手，基本上都会去到广东那边参加比赛，在那边练球，所以说那边的氛围是最好的。我1999年就到了东莞，当时我不知道什么叫辛苦，再回想以后，我才觉得非常艰苦。我们一家人住在一张床上，就是三个人都很挤，都是侧着身睡觉的，每天吃饭都是每个人两块钱的那种标准，我并不觉得这是一种苦。每天能够给我一张桌子，给我一根杆、一副球，我就能很快乐。刚去广东那时候，也是有读书的，但是由于参加比赛，学校里落了很多课，我妈经常会帮我去请假，当时那个老师可能不是很友好，经常跟我妈说我整天不来上课，希望我直接退学。我觉得作为一个老师不应该这么说话，其实每个人都应该尊重别人的理想。

我父亲对我比较严格，他不苟言笑，对我永远都是板着个脸。我跟我父亲说，我不想上学，我想把自己的所有都投入到台球这个事业上去。他想了一会儿，他也没说话，就是沉默。他说，你确定你要选择这条路走下去，我说是的，然后他也没说什么，就这样。很简单的一些对话，这样就结束了。然后我们第二天没有再说别的事情了，第二天早上他就把我拉起来了，直接拉到球房里，就这么开始了我的修行之旅，其实并不是那么简单，说开始了就开始了。他对我更加严格了，盯着我打的每一个球。他不允许我有任何的一个错误，有一点点打得不对的地方，他就在那里跟我纠正，在那几年没日没夜地训练，一天训练时间都有12个小时，除了吃饭睡觉就是训练。童年的记忆就完全是在台球上，不是很清晰，没有过正常小朋友的一些童年生活。不过我觉得，当你在为了自己的理想努力，而去专注地去做一件事情的时候，你会失去很多别的东西，你不需要跟人家比较，我没有这个，我没有那个，因为你正在朝着你自己的理想去努力。当时就是这么想的吧。

说了那么多，可以说一下在16岁之前是不能够打职业赛的，我在2003年转职业，那时候我好兴奋，我终于可以一个人跑出去了，我终于不用再受父亲的管教了。那时候就是很期待，一个人跑到国外去，无拘无束地，就是自己想干吗就干吗。其实当时给我的感觉是我不知道为什么会那么来劲，我见到英国选手，我就想打败他们。前几年在打资格赛的时候，我一见到他们，就特别狠，我一见到他们就心中有一股火，我就想把他们打败。确实也打得非常好，在第一年能够留在职业赛上，对我有很大的鼓励，在那一年也赚到了一些奖金。因为在之前的那些时候，家里都是把一切都投在了我身上。那些年父亲天天陪着我，这种陪伴的滋味，多少我也懂一些，完全没有自由，所以说在去了英国以后，希望自己的父母能够过上更好的日子，因为我可能两块钱的饭吃多了吧，对于这种生活上的要求不是很高。当时去的时候，想一年下来把所有的积蓄都寄到家里去。

当然在这些年打职业，我也有不好的时候，就是2007年到2009年，这两年吧，特别迷茫。因为在平时训练的时候效果不是很好，训练没有效果的话，比赛就更不用说了，所以说那时候，我很害怕比赛。这种感受很难说，很难想象。当对手在打球的时候，你坐在那里看他打球的那种心情，就是自己犯了一个很简单的错误，然后把这个果实让给他，看他在那里啃，我觉得我就想一把抢过来，然后就塞自己嘴里。就那种感觉，很不情愿，而且它不是那种随时就能够回到自己这边来的。我碰到慢的选手，我就在那里坐上三四十分钟，我就在那里看着他，我都快睡着了，这种就是太折磨人了，如果在2007年到2009年，碰到这种比赛，我直接从第一盘开始，我就不想进行比赛了，我想赶紧输完就赶紧回家了。但现在这种心态就可能不会再发生了，因为我已经从那个时候走出来了，希望自己能够在以后能够做得更好吧。

人生就像一场比赛，不能赌，只能搏。人们都叫我天才，但是我觉得我是一个努力的天才。终生勤奋，便成天才。

来源：《开讲啦》丁俊晖演讲稿

不要甘于平庸

不知道你有没有去回顾过去的几年，自己过着怎样的生活?

或许每天起得比鸡早，昏昏欲睡中，却要奔波去地铁站，在地铁中与很多人互相挤着，在拥挤的人潮中甚至被撞、被踩到了脚板，痛得自己呱呱叫。冬天，在地铁车厢中，大家一起取暖；夏天，在地铁车厢中，却时不时地闻着令人难受的汗臭味，拥挤中动弹不了，只能默默地忍受着。

或许每天去到公司，面对着老板对工作的各种要求，面对着上级的那几张臭脸，却只能带着微笑面对，忍气吞声，敢怒不敢言。拿着每个月几千块钱的工资，除去每个月的生活费、租房费、水电费，剩下寥寥无几的几张红色毛爷爷，看着自己喜欢的名牌衣服，却只能多看几眼，然后默默走开，安慰自己说，等以后有了钱，再回来买。可是自己私下却一直盯着产品的动态，看看有没有打折，喜欢却买不起。

或许每天下班，拖着疲惫的身体，却依旧需要在拥挤的人潮中，与别人一起挤着地铁，坐着公交，在街角暖暖的灯光的陪伴下，带着冰冷的心情，奔波于漫长的路途中，下车后，还要再走一段路，才能够回到家里。而此刻的你，心累，身体也累，在晚上有限的时间里，洗洗澡，放放松，就想要上床睡觉了。

第二天，依旧过着重复的生活，日复一日，年复一年。你很想要改变，可是，你又觉得生活本就是这样子啊，不然还能怎样？

你怪自己没有出生在好的家庭环境中，没有富有的爸妈，可以给你很多钱，不用像现在一样辛苦；你怪自己没有遇到个有钱的男朋友，没有给你零花钱，没有办法带你来一场说走就走的旅行；你怪老板太吝啬，不肯给你多一点薪资，所以，充满怨气地工作；可你不怪的，却是甘于平庸的自己。你早已经习惯了每天两点一线的生活，早已经习惯了每天挤公交地铁上下班的日子，早已经习惯了每个月领着几千元的薪资过日子，早已经习惯了下班后轻松舒服的享受的日子。

不知道每天过着这样生活的你，是否有想过，当自己在某一天成家的时候，当自己有了小孩的时候，当自己的年龄已经渐渐增大的时候，你突然面对公司倒闭，或者面对离职的这种情况的时候，你有什么优势可以在职场中取胜，在新岗位中获得高薪资；你有什么才能，可以让你在离职期间依旧能够有收入，不至于给家庭增大了压力；你又有什么打算，去重新开始一份新的工作呢？

而不是像现在的你，这么的普通而又这么平庸地过着日子。做着一份很平庸的工作，觉得毫无意义。难道就这样度过一生？

我发现人一旦熟悉了自己生活的环境，就会自然而然地在熟悉的环境中待着，不去做任何的改变，继而，这种舒适区便渐渐地形成了。

一旦形成了属于自己的舒适区，很多人便会选择安于现状，觉得生活本就是这样子的。在舒适区中，也渐渐地少了一些陌生环境的焦虑及不安，很多东西，自己也渐渐变得不去思考那么多了。

很多在职场中的人，其实就是这样子的。每天虽然早出晚归，看上去很忙碌，也很努力，可是，在忙碌之余，却缺少了思考。看上去过得很充实，却一直在瞎忙，每天过着重复的日子，做着重复的工作，因为熟悉，所以自己也渐渐觉得很舒服。但是自己并不知道自己的出路在哪里，不知道自己学到了什么，想要学什么。

曾经我就是陷入这种舒适区中，我知道在舒适区中，倘若你不想在平庸中过一辈子，那为什么不逼自己一把，去改变现状，遇见更好的自己呢？

不要让未来的你，讨厌现在的自己。趁现在一切还来得及，尽早地跳出舒适区。

每天下班之余，利用空闲的时间，多看看书，学习自己想要学的东西，尝试着做些改变。

每天上班的时间，少些怨气，全身心投入到工作中去，将每件事做到尽善尽美，不断地提升自己；利用空闲时间，学习一种技能，拥有自己的一技之长；在提升自己的同时，不断地发现身边优秀的人，以他们为榜样，不断努力，遇到更优秀的自己。

愿我们都不是平庸地过完此生，而是在舒适区之外，不断地努力，创造真正属于自己的舒适。

来源：搜狐网

叛逆的征途

大家好，我是王澍。刚才小撒说到很多人不知道普利兹克奖，其实这个不奇怪，因为这个奖知道的人不多。但是呢，多少代的建筑师想得都得不到，最后居然被一个以叛逆著称，一直到今天，几乎仍然工作和奋斗的建筑师所获得，很多人都跌破了他的眼镜。所以如果说在中国的建筑界，你要找一个人，说他从青年时代开始就以叛逆著称，而且一直叛逆到他的成年，我想我肯定是其中之一，而且比较突出。很多人说叛逆，你凭什么叛逆，青春期有一种莫名的情绪，就是叛逆。

青春期，大家其实都有一种说不出来的情绪，你的那种活力。你面对的这个社会，有点不可知的一个状态；很多的成年人都在教训你，让你这样让你那样；你又不太反驳得过他们，但同时你隐隐地知道，他们好像也不完全是对的。就是那样的一种情绪，那么大家可能会有个问题，这样的一个人，他是什么时候开始，是这样一个状态。

因为这个状态对于学生来说不太正常，连我自己都觉得奇怪，你不可以想象我的，比如中学是什么样子的。我中学时是一个标准的好孩子，好到什么程度呢？从入校开始我就一直是班长、团支部书记、西安市市级三好学生。那么这样的一个好学生，怎么可能后来会变成如此叛逆的学生？

有一件小事儿和我后来特别有关系，我记得我当时在中学的时候有一堂课就是历史，在上历史课的同时我看两本书，一本叫《法国大革命史》，一本是冯友兰先生的《中国通史》。那两本史看完之后再看课本，那课本就可以直接扔到垃圾桶里去了。因为它太幼稚、太简单，历史被他们概括得几乎就变成了没有。我记得我上课的时候，我们那个老师是刚毕业的一个年轻老师，我坐在第一排，他就老有点狐疑。因为他讲的其实不多，发现那个学生拿着本在那写，写的内容好像远远超出他在课堂上所讲的。下课的时候他说能不能把你的笔记本给我，让我看看。我就给他看，他说能不能让我带回家去看看，我说行。第二次上历史课的时候，他说："这个学生，将来一定是不得了的。"

我进大学，那时候是南京工学院。我刚一进大学，每个系选一个学生做学生代表，在一间小会议室里听校长训话，我就是建筑系的学生代表，如果我不足够好的话，在那个年代是根本不可能被挑选去听校长训话的。我们的校长很有名，他是钱钟书先生的弟弟——钱钟韩，一个叛逆的校长。我记得很清楚，那次训话他的一个核心就是“什么是好学生”，好学生就是那种敢向老师挑战的学生。他说：“你们不要以为你们那些老师都多么的了不起，很多人就是在混日子，如果你提前三天对你所上的课做认真的准备，你在课堂上问三个问题就有可能让你的老师哑口无言，他就下不了台，这样的学生才是好学生。”这个对我的冲击很大，但是也让我很振奋，因为我突然意识到我来对地方了，大学，这才是我想来的地方。

很多人后来问我说你大学学习的秘诀是什么，我说很简单，就是自学。当钱钟韩校长说，你要比老师备课更勤奋的时候，我就是这么做的。我是很早就发现有一个好地方叫图书馆，我很早就进了图书馆，我开始看所有那些课堂上老师没有教过的东西。大学二年级，我当时就开始放话了，我说已经没有老师能教我了，因为他们讲的东西和我看的东西一对比，肤浅、幼稚、保守、陈旧，就这八个字。当然，我这样做确实引起我很多同学的紧张，我记得我夜里十二点钟睡觉，我睡在上铺，当时我同寝室的同学拿着黑格尔的哲学史还坐在楼梯上在看，不睡觉，因为楼梯的灯还亮着。造成了一种压力，就是这样的一种状态。

再一次所谓的叛逆的时候，就是刚才说的我写了一篇重量级的文章叫作《破碎背后的逻辑——中国当代建筑学的危机》。这篇文章从梁思成一直评到我当时的导师十几个先生。因为我当时觉得很奇怪，中国的这个学问是怎么做的？不痛不痒，所有的东西都是含含糊糊说两句。如果永远都这样不说下去的话，那我们肯定是这样，我们的水平停留在20世纪30年代，确实是不会再变化了。所以我当时写了这样一篇文章，没有人给我发表，其实我也无所谓，因为这篇文章是给自己写的。一个人如果说要有点牛气，就要这样。基本上我今天，一直到现在，我所做的所有的事情，只是把我1987年写的这篇文章，我所说的，我认为可能要发生的，我认为应该这样去做，朝这个方向去走的。其实在那篇文章里，基本上说清楚了，但是怎么做出来，说完了是不算的。我为了实践我当时所说的，又花了二十五年来实践我所说的。

当然，硕士毕业的那个事情大家可能有些人是知道的，硕士毕业的时候，其实我完全可以用我前一篇文章作毕业论文，但是我写了另外一篇，因为我觉得还有些事情没说清楚。论文的题目叫《死屋手记》，其实对整个当时中国建筑界的现状、建筑教育的现状，包括我们自己那个学校的现状，是一个影射。但是它的实质，是对当时大家热衷地在追逐的西方现代建筑的基本观念的再认识和再批判。大家可能会知道，就是我这个论文第一轮全票通过了，但是在学术委员会表决的时候，他们取消了我的硕士学位，因为这个学生实在是太狂，所以他们没有给我学位。当然这个对我没有打击，我觉得我那时候已经书读到有一点点超脱。

当然很多人的叛逆可能就是青年一段，而我好像时间更长。1992年春天到来，改革开放新的一轮开始了，遍地是钱，建筑师的好日子到了。就在这个时刻，我选择了退隐，因为我不想做很多东西来祸害这个世界。不幸被我言中，后来的十年里头，有无数的中国建筑师做了大量的东西，在祸害这个国家。

他们摧毁了我们的文化，彻底让中国的城市和乡村发生了巨大的面貌的改变。但是我想很少有人想过他们在干吗？他们为什么这样做？没有人这样子真正认真地去想。我觉得我的憨笨这时候帮助了我，就是我想不清楚，我就不敢做了。所以那个十年里头，我做了一些小工程，改造老建筑。在这个过程当中，我向工匠学习，因为这些东西都是学校里没教过的。工人每天早晨八点上班，晚上十二点下班。我从第一天开始，我八点钟就站在现场，夜里十二点跟工人一起下班。我当时说，我一定要看清楚这工地上每一根钉子是怎么钉进去的，全部要看清楚。

我们在学校里学到的是知识，但是很少学如何动手做事，这个特重要。我到后来，到今天为止我做任何东西底气十足是因为最低的那个底牌我都已经摸过了，我当然有底气。当然人有的时候会有一点恍惚，我吃饭的时候突然发现，我说我一个研究生毕业，整天跟一群外来务工人员坐在一起吃饭，好像这个社会阶层是不是混错了。但我学到了大量的东西，就在这个时候，为我后来1998年再出山，其实做了充分的准备。所以后来很多人问我说，你有没有什么人生谏言来支撑你，其中一句话，我就说是叫“时刻准备着。”就是当机会到来的时候，你是做了充分的准备的。到2000年之后，突然就有人对我做的这种设计有兴趣了，就接二连三地有人开始来找我，而且都说这句话，“我们想做一个现代建筑，但是一定要有中国的感觉，而且不是那种表面的。我们反复访问过，也许在中国只有你能做，你是我们的唯一选择”。

到我第三个十年的时候，其实没有像大家想象的那么艰难，第三个十年对我来说应该说是相当顺利。尽管在过程当中，会有一些，比如说争辩，这是难免的。所以让大家接受一个建筑，完全颠覆性地改变并不容易。所以我形容一个好建筑的诞生是什么？就是你一开始有一个很纯粹的，带有理想一样的想法，完了你要像长征一样经过很多险阻，中间每一次都是有人想摧毁你、否定你，你必须能够做到百折不挠，而且要说服大家，最后走到终点。你还保持了你最初理想的那个纯度，没有半分减损，甚至更加坚硬，这就是一个好的建筑师。

所以我记得有一个很可爱的甲方，我当时做宁波博物馆的时候，他说：“王老师，你到底怎么想的，我们设计的这个地方，新的CBD中心商务区，我们宁波人管它叫小曼哈顿，可是你用了这么脏的材料做了这样一个黑乎乎的东西放在这里，跟小曼哈顿的感觉完全不相称，你到底怎么想的？”我说：“这样说吧，我们实际上是想做一个新东西，这个设计传统里有没有？”他说：“没有。”我说：“现代建筑里你见过这样的设计没有？”他说：“好像也没见过。”“那么我们是不是在做一个全新的东西？”他说：“是的。”“全新的东西是不是大家都没有把握？”他说：“是的。”“那么在这一桌子没有把握的人当中谁最有把握？是不是我？”他说：“是的。”我说：“那你就得听我的。”

当然后来很有意思，这个建筑建成之后，甲方总结最后大家的反响，对宁波博物馆的反响。他叫四满意：群众满意、专家满意、领导满意、我们满意，全都满意。但对我来说最感动的是我碰到很多的观众，短时间内会去一个博物馆三次四次五次。我说为什么，他说因为这个地方全部被拆光了，变成一个新城了，只有在这座建筑上我能够找到我过去生活的痕迹。

我是为此而来，我听了非常感动，但是有的时候也非常酸楚。我记得我九十年代初做这个反叛的时候，那时候还没有什么计算机，我没有想到这几乎像预言性质的，预言到今天计算机泛滥的年代，建筑变得如此干枯抽象和概念化，而我所主张的这条经验性的、以人的真实生活经验为基础的建筑，反而变成了另类，变成了新探索。这时候你会意识到你真的是做了点事情，这个事情不仅是关于中国文化的，还甚至超越了中国文化的国界，它带有某种普遍性的价值与意义。但不管怎么样说，回顾整个我自己的这样一个人生历程，我觉得很重要的就是，一个人一定要对自己的内心非常真诚。其实我所做的一切只不过是坚持自己的内心，并努力地去实现它。

来源：《开讲啦》王澍演讲稿

你好，好奇心

大家好！在做节目之前要跟几个导演见面，他们对我的印象都是网络视频里面的短头发，所以他们刚开始看到我的时候就说，“陈老师，你还是很有女人味的！”但是我脑海里面浮出的一个问题，我原来那样有男人味吗？

非常高兴跟大家在这里见面，然后坦率地说非常紧张，今天跟大家分享的主题，是关于人的好奇心。

这世界上我最害怕两样东西。第一，我害怕我有一天，不爱这个世界了，我不爱生活了，我害怕我丧失爱的能力了。我第二个最害怕的是，我灵感枯竭了。所以我每次上课之前都非常紧张，我担心灵感抛弃了我，我担心我站在讲台上的时候，只是一个枯竭的传声筒。直到有一天我发现，只要我偶尔在看一些书的时候，看一些电影的时候，偶尔在学校里面旁听我的老师们讲课的时候，偶尔跟我的同学进行交谈的时候，他们的一个问题，或者他们的一个表情，或者在他们脑海当中浮现的一丝念想，突然间让我感觉到有意思，好玩，然后引出我的一大串问题的时候，我就知道这个时候，灵感永远不会枯竭，因为我的内心深处抱有那样多的好奇心。

世界上所有伟大的东西，就像在人类文明史上，开出的一朵优美的花，但是你要知道，这一切优美的花，都来自于好奇心这颗种子。你的内心在想到好奇心的时候会出现一个好奇心的第一幅肖像，那就是一个问号。什么叫好奇心？那就是对这个世界感到新奇，好奇心就代表了一串问题，或只是仅仅的一个小小的问题。好奇心还有第二幅肖像，那就是小孩子，连我们大人们都觉得不值得一碰的脏兮兮的泥潭，小孩子都会满怀着好奇心在里面打滚，他是如此快乐，我们大人已经忘掉了这种快乐。要知道大人通常随着年龄的增长，往往会变得很势利，但是孩子们会关心路旁的一只流浪狗它是否有家可归，孩子们会问他的父母，这个跟他没有关系的路边的小女孩，一个三四岁就在表演杂技的小女孩，她为什么不学习，她为什么那样悲伤，但事实上我们回答不了。我很喜欢伟大的物理学家爱因斯坦，爱因斯坦说什么是好奇心，好奇心是人性当中一株神圣但是非常脆弱的幼苗，人人生而有之，你我他都有。但是对于我们绝大多数人来说，它在我们的生命中过早地夭折了，为什么小孩子总是具有那样强烈的好奇心？为什么我们大人们没有？是因为小孩子对生活没有企图，没有目的，毫不功利。所以你会发现在我们的生活中处处见到快乐的孩子，你很少看到不开心的小朋友，但我们很少看到开怀大笑、无忧无虑的大人。

我们的欲望不断地挤压着我们好奇心的存在空间，我的朋友当中有一些物质条件很好，月薪收入很高，浑身通体名牌，开着好车，但很奇怪，他得了抑郁症。所以为什么会是这样的？为什么我们对世界不存在好奇心了？是不是好奇心只是孩子们的，它注定要在我们身上夭折和衰竭？并非如此。孩子们跟大人真正的不同就在于，世界对于孩子们来说是灵感的源泉，世界对大人们来说是谋生的渠道，世界对孩子们来说是有趣的，对大人们来说是有用的，世界对孩子们来说，他们是真正热爱的。我曾经跟我的学生分享过一句话，“只有当你热爱生活，生活才有可能真正热爱你。”

我们很多时候总觉得，好奇心好像在日常生活中不会带给我们现实的好处，但是你要知道，能让我们终身快乐的，恰恰是那些没用的东西，能让人类的文明显得如此灿烂的，就是那些没用的东西。我喜欢诗歌，很多时候我对诗歌的喜欢也恰恰来自于一些简单的好奇。我最喜欢的一首诗，是英国的诗人威廉·布莱克的，叫作《天真的寓言》，四句话：一沙一世界，一花一天堂，双手握无限，刹那是永恒。当时我第一次看到这首诗的时候，我心里非常感动，我不知道为什么感动。

我有一个学生，是生命科学院植物学专业的，他在跟我分享了这首诗之后，就去把一朵小花给解剖了。后来他给我写邮件，他说陈老师，我在解剖这朵小花的时候，越解剖越心怀虔诚，他说我打开那朵小花之后，发现它的色彩、它的形态、它的香气，未经雕琢，却具有一副天然的和谐。原来生命界里的每一个简单的生命，都是这样一个别出心裁的世界。一旦将它放大，你就会发现它是别有一番洞天。

前段时间我跟一个画画的朋友在聊天，在他的画室里有一本照片集，名字叫作《珠宝》，让我很惊诧，里面没有一张照片是关于珠宝的，所有的照片竟然都是昆虫。每一个昆虫在微观地端详之下，竟然都是那样的美丽漂亮，它们身上的花纹丝丝缕缕，难以人工模仿。于是我当时就在想这本画册，这个取名字的人一定取错了，它怎么叫珠宝？它应该叫昆虫集。但后来转念一想，这就是我们庸俗的地方，人家这个题目取得不要太好，那确实是珠宝，经过自然之手精雕细琢的“珠宝”。它们是世界上最唯一、最独特、无法模仿的珠宝。

于是我就想到我们的时尚杂志设计师们，比如说香奈儿的标志，白色的山茶花，那就是自然界当中某一朵墙角不起眼的小花。比如说风靡全球的车型甲壳虫，就来自于自然界某一个不起眼的小昆虫。甲壳虫车型刚刚创造出来的时候，他们的宣传口号很有意思。不像我们什么至尊、高贵，他们当时就说甲壳虫车型代表了一种快乐的力量。快乐的力量，一个热爱生活的人才配得上快乐。大家仔细想一想，自从我们度过了我们的童年阶段，我们还有没有过用心地去观察一些自然界的东西，你要知道人类的凝望具有一种力量。所以好奇心我们不要丢失它，我们应该竭尽全力去保护这棵生长在我们天性当中的神圣而脆弱的幼苗。它不只是对世界的好奇，代表了对生活的热爱，代表了对生活始终饱含兴趣，深情款款。

古代有一位君王叫作商汤王，他在自己洗澡的那个澡盆上面刻了九个字：苟日新、日日新、又日新。每次商汤王要洗澡的时候，他都要用这九个字来提醒自己，人外洗身，内当修心。大家要知道我们的身体其实每天都焕然一新，不管你愿意不愿意，意识到意识不到，你的身体细胞每天都在新陈代谢，那我们的精神，应当与我们的身体保持和谐统一，这才叫身心不分裂。那什么东西能够使我们的精神，就像我们的身体细胞一样不断地新陈代谢，维持自我更新的动力，那个动力其实就是好奇心。因为好奇心带动求知欲，求知欲就是对于生命的好奇，对于人生的好学。所以好奇心就像身体细胞的新陈代谢一样，使得你的精神之水一直在流动。它永远不会腐化，因此你的精神永远不会衰老。怎么样能够保持好奇心这棵嫩苗不夭折、不衰竭？那就是常怀谦虚之心。人只有自知无知，才能永远求知，人只有自知无知，才会保持对身边一切的新奇。这就是为什么乔布斯在2005年，在斯坦福大学的毕业生演讲的时候，其中最动人的一句话就是求知若饥，虚心若愚。人应当保持饥饿，我相信他指的不是人的肚皮吧，而一个一直在求知的人生那便是智慧的人生，一直在追求的人那就是智慧的人。

生活处处充满神奇的东西，你要允许一些美丽的意外，在你的生命当中像花一样开放。很多时候你在看到一些真正美丽的东西之后，人也会更加心怀谦虚。当你接触到一些真正优秀和精彩的人之后，你才知道人生该如何去努力，走哪个方向，该如何自我完善。

来源：《开讲啦》陈果演讲稿

人生是一场伟大的冒险

前阵子，朋友圈里流行晒18岁的照片。我的这些朋友们，普遍二十八九岁了，谁不曾怀念十年前的自己，不只是怀念脸上满满的胶原蛋白，还怀念眼睛里的光和心里的热。

很多人怀念，是因为遗憾，遗憾自己在这漫长岁月里未酣畅淋漓地活过。还有很多人怀念，是因为感激，感激时光像刻刀一样刻画心智，我们一直在奔跑追逐，从未停下过。

江疏影也怀念了自己的这些年。我看到她在微博上发了图片。

六年前她在英国留学读研，留学生活和其他大多数留学生的生活一样孤独又艰难。大学毕业之后，原本和陈赫同班的她并没有像其他同学一样进入演艺圈，而是去了英国学习传媒经济学。

刚去英国，因为陌生的语言和艰难的学业，她自卑过、崩溃过、绝望过、大哭过。为了练习口语，她也去餐厅打工，做最脏最累的活，将孤独活成一个人的圆满。现在的她，在英国女首相梅姨访华时全程陪同。看她自信面容和骄傲模样，真有点为她骄傲，也心疼她当年从ABCD开始重学英语的心酸苦涩。

谁不曾在暗夜里狂奔疾呼，才换来一个崭新黎明？

作为一个演员，江疏影27岁才出道。看到她在《朗读者》里讲起自己的留学经历，让我也心有戚戚。她说，1000多页的经济学书，密密麻麻全是英文。只好一个个单词查词典，写在课本上。

我想起自己读研的时候，也是厚厚几本全英文教材，高级微观经济学最难，简直变成我的噩梦。那些教材我也直到现在都没有丢，无论搬到哪儿都要带着，随手就可以拿过来拍照。

江疏影说，“我感谢那段经历，因为是它让我变成了现在的自己。”我忍不住点头。

前段时间和朋友聊起读研的意义，我仔细想了想，那些学过的东西、做过的题、看过的书几乎都忘记了，可最后留下的，全是岁月的影子。

我读研的时候大概是之前二十几年的人生中最痛苦的岁月，抑郁特别严重，顶着和别人一样的脸，心里是翻江倒海的绝望。无数个时日里，我如同行尸走肉，丧失很多知觉。后来，几乎翻遍了图书馆里心理学所在的几大柜子书，才慢慢好了起来。但我和江疏影一样，感谢那段艰难的岁月，因为有过最深的黑暗，才能透进光。

五六年之后，我还记得当初的无助，但我更记得，自己熬夜学习英文教材时的热情、一个一个写下那些单词时的笔迹，还有在图书馆里苦苦熬过的抑郁期。从那之后，我知道自己可以走到任何地方去，因为我够努力，也够坚强。我猜，这也是江疏影不后悔的原因吧。尽管别人都说她错过了演艺事业发展的黄金时期，可青春那短短的几年，才是再也无法多得的好时光。

好就好在，你一腔孤勇，你无畏坦荡，你不肯饶过命运，也不肯饶过自己。这是我们的英雄主义，也是我们的温柔青春。

后来，江疏影演了《致我们终将逝去的青春》《好先生》，还有《恋爱先生》。

我喜欢看到屏幕上她的样子，红唇长腿，是最标致的那种美人。我也喜欢看她屏幕外的样子，在《花少》上用彩笔记录下一天的生活，边敷面膜边赶路，旅途中也不忘看书看剧本，用力维持好的身材。这些比我们好看的人都在拼尽全力，我们还有什么理由放纵自己？

人生中有无数这样的时刻——孤独、茫然、无所适从，但又半途而废，自怨自艾。我们哀叹着生活无情，又梦想着远方芬芳，却只能东奔西走，不知归路。看着像江疏影这样的女孩，我会一直一直想要为生活争取更多的可能性。

回想读研时候的自己，几乎想要将自己的生活终结在21岁，可后来，我还是好好地活着，从一个人群中的小透明，活成了一颗有光有亮的小星球。

那一年，在终于将自己从抑郁症中救出之后，我选择了三件小事：读书、写作、塑身。还有，热爱生活中一切美好的东西：不管是餐盘里的美食，还是照片中的远方；不管是书页里的英雄，还是电影里的美人。

也许它们能带来的物质收益非常微小，但它们足以让我们的心灵永不干涸，常有馨香，足以让我们单调贫弱的生活变得汁液饱满、温柔有力。

就连江疏影这样的女神都自卑过，我们还怕什么生活的难与苦！去和那些好看的人一样努力，然后将自己的每一天都当成最后一天来过吧。我们不知何时殒身、殒身何处，只要这一秒，毫无歉意、毫无悔恨地活着就好。

我看哭了的那本书——《外婆的道歉信》里，外婆说：人生是一场伟大的冒险。要大笑、要做梦、要与众不同。那么，我们一起大笑、做梦、去与众不同吧！

反正，千万别让明天的你，后悔今天没做的事情。

来源：360 doc

挫折是人生的挑战

人生在世，谁都会遇到挫折，适度的挫折具有一定的积极意义，它可以帮助人们驱走惰性，促使人奋进。挫折又是一种挑战和考验。英国哲学家培根说过："超越自然的奇迹多是在对逆境的征服中出现的。"关键的问题是应该如何面对挫折。

我们在生活与工作中难免遇到挫折，既不要悲观，也不要害怕。可悲、可怕的是我们在挫折面前不及时总结经验教训，或者是被困难吓破了胆，打退堂鼓；有的则是麻木不仁。根本不当一回事；还有那些固执己见，怨天尤人者。如果总是这样，失败会一个接一个，挫折也会不断紧跟。

造成挫折的因素有很多。例如，将奋斗的目标定得过高，能力与期望值存在一定的差距等。另外还包括心理冲突的因素。比如，一个大学生很想专心攻读博士学位，可又处于热恋之中；读书与恋爱如鱼与熊掌，他希望兼而得之，但对他来说最佳做法是只选其一，这就是一种“双趋冲突”。又如，一对正谈恋爱的男女，接触几次后就觉得该谈的都谈了，再也没什么可谈的了，俩人只能你看我，我瞧你，显得十分尴尬，可一个人会更觉寂寞，这就叫“双避冲突”。

人在遭遇挫折时，往往会感到缺乏安全感，使人难以安下心来，工作和生活都会受到影响。所以，当我们遇到挫折时，要坚持面对最坏的可能性，怀着真诚的信心对自己大声说：“不管怎样，没有什么太大的关系。”然后沉着冷静，不慌不怒地评估形势，选择另外的做法，这样，我们就能在挫折中得到最好的结果。

著名作家梭罗每天早晨的第一件事，就是告诉自己一个好消息。然后，他会对自己说：“我能活在世上，是多么幸运的事。如果没有出生在世，我就无法听到踩在脚底的雪发出的吱吱声，也不可能闻到木材燃烧的香味，更无法看到人们眼中爱的光芒。”于是，他每一天都满怀对生命的感激之情。

有位哲人说：“并非每一次不幸都是灾祸，逆境有时通常是一种幸运。”面对挫折，我们要再接再厉，锲而不舍，要勇往直前。我们的既定目标不变，努力的程度却要加倍。面对挫折，不同的人，有不同的态度。有人惆怅，有人犹豫，此时不妨找一两个亲近的人、理解你的人，把心里的话全部倾吐出来。从心理健康角度而言，宣泄可以消除因挫折而带来的精神压力，可以减轻精神疲劳；同时，宣泄也是一种自我心理救护措施，它能使不良情绪得到淡化和减轻。

人生在世，不可能春风得意，事事顺心，没有经历过失败的人生不是完整的人生。巴尔扎克说："挫折和不幸，是天才的晋身之阶，信徒的洗礼之水，能人的无价之宝，弱者的无底深渊。"面对挫折能够虚怀若谷，大智若愚，保持一种恬淡平和的心境，是彻悟人生的大度。一个人要想保持健康的心境，就需要升华精神，修炼道德，积蓄能量，风趣乐观。正如马克思所言："一种美好的心情，比十服良药更能解除生理上的疲惫和痛楚。"

来源：网络

第三章

向前走，别回头

从自信到自卑再到从容

亲爱的同学们：

大家好！

我叫任玉华，大家都叫我小华，是清华园里一个普通的修车师傅，我的修车铺叫作“小华修车铺”。跟各位清华园里的天之骄子比起来，我真的显得微不足道，但是，和你们一样，我有着自己的理想，并一直执着地追求着。

1982年2月，我出生在张家口一个小村庄，我父母都是勤勤恳恳的农民。小时候，物质生活是极其艰苦的，记得很小的时候家里常常没有足够的粮食，需要父亲去向亲朋好友借。从小开始，我就特别喜欢拆东西，记得我们家的那一辆非常破旧的永久牌自行车，曾被我多次拆得支离破碎。也由于这个原因，我总是逃课，在课堂外自己玩弄一些小东西，还常常被老师罚站，但是老是改不了。当时我们就完全没有把读书当一回事，就我小学时候的那些同学后来上了大学的只有几个人。

后来，我慢慢长大了，但是我遗憾地发现很多东西已经离我而去。学业，这个对农村人来说最直接最有效的可以改变命运的道路对我而言已经堵死了。之后我也非常后悔当时没有好好珍惜。

初中毕业后我在家干了一段时间的农活。后来去亲戚家住了一段时间，也就是在这段时间里，我发现我周围的人认为我是一个完全没有出息的人。或许正是因为这个原因，我离开了家乡！去追逐我曾经逝去的梦想！

1999年春节刚过，大年初九，我就只身来到了北京，来到了这个让我梦想真正起航的地方。

刚到北京的时候，我到工地上去打过工，帮别人擦过玻璃，干了很多苦活累活。

2005年，我买了一辆桑塔纳拉黑活，很快，由于技术不熟练，路况不熟悉，很快就宣告失败；我尝试做二房东，但由于宣传不到位没有客源，最后只有退房赔钱；我尝试卖桶装水，但一来没有地方放水，二来客户无法保障，很快我就失败了，之前买进的水桶等工具只有当废品处理掉；我尝试收废品，没想到连收废品都这么难，后来由于价格没有把握好，收的东西也很少，赔钱赔力以失败告终。

最后，我开始做起了租车，刚开始的时候效果不错，后来租出去的车老是坏，还回来的车也没认真保养，渐渐地也没了信誉，又是以失败而告终。

这一次，我真的绝望了，我认为自己能力实在是太有限了，加上自己的内心始终放不下干一番事业的初心，还有生活中的各种压力，家庭的不和睦，我崩溃了。在那段时间里，我不愿意见到任何人，不敢和任何人说话，整天都戴着一个小帽子，躲到没有人的地方抽烟——我每时每刻都在躲避生活中的一切。

在最严重的时候，我尝试过自杀，我先是到了铁轨旁准备卧轨，可是有一个人老是在附近晃悠，我不想被人看见我死；后来我又来到河边准备跳桥，由于一位老师的出现，我又没死成；最后，在深夜，我住的地方，我选择了上吊，挣扎之际绳子断了，落在了炉子上，屁股被严重烫伤。之后我就什么都不知道了，在家人的帮助下（当时我神智不清楚，后来才知道），我来到了精神病医院，当时我的身体僵僵的，经诊断我得了精神分裂症。

经过前几次的折腾，我慢慢地冷静下来了。我开始明白了，只有脚踏实地、勤勤恳恳才有可能获得成功。这一次我下定决心开始好好修车！

在那段时间里，我的修车技术得到了极大的提高。这一次，我真的花了我所有的心思来修车，我认真地对待每一位同学每一辆车，我可以摸着良心说，我修每一辆车都是尽力的，能修的零部件绝对不换，该换零件的绝对找最合适最实惠的。在这几年时间里，在所有清华园修车铺中，我的业绩从倒数第一做到了最前列！和几年前相比，我终于可以自豪地说，我长大了，我终于懂得了应该怎样面对生活了。

各位同学，我的经历可能是很微不足道的，但是我是那样急切地要来跟你们分享。如果您有一天遇到挫折，希望您还可以想到清华园里曾经有过一个小华，一个从自信到自卑再到从容的小华，一个从失败到成功的小华。

衷心祝愿同学们早日实现自己的理想，美好的未来就在前面等着您！

来源：清华园修车师傅任玉华励志演讲

打工才是最愚蠢的投资

很多人会认为打工是在赚钱。其实打工才是最大最愚蠢的投资。人生最宝贵的是什么？除了我们的青春还有什么更宝贵？很多人都抱怨穷，抱怨没钱，想做生意又找不到资金。多么的可笑！其实你自己就是一座金山（无形资产），只是你不敢承认。宁可埋没也不敢利用。宁可委委屈屈地帮人打工，把你的资产双手拱让给了你的老板。

我们试想一下，有谁生下来上天就会送给他一大堆金钱的？有谁是准备非常齐全了完美了再去创业就成功了？含着金汤匙出生的毕竟是极少数、富不过三代，许多伟业都是平凡人创造出来的。计划赶不上变化，特别是在如今这个信息高度快速传播的年代！我曾经问过我的一个朋友为什么不去打工？他的回答是："说句得罪点的话，出去打工简直就是愚蠢的，浪费青春！"为什么你一直是打工仔？因为你安于现状！因为你没有勇气，你天生胆小怕事，不敢另择他路！因为你没有勇往直前，没有超越自我的精神！虽然你曾想过改变你的生活、改变穷困的命运，但是你没有做，因为你不敢做！你害怕输，你害怕输得一穷再穷！你最后连想都不敢想了，你觉得自己也算努力了、拼搏了、你抱着雄心大志、结果你没看到预想的成就，你就放弃了。你就只能是一个打工仔！

为什么你一直是打工仔？因为你随波逐流，近墨者黑、不思上进，分钱没有、死爱面子！因为你畏惧你的父母、你听信你的亲戚、你没有主张、你不敢一个人做决定。你观念传统，只想打工赚点钱，结婚生子，然后生老病死，走你父母一模一样的路。因为你天生脆弱、脑筋迟钝只想做按部就班的工作。因为你想做无本的生意，你想坐在家里等天上掉馅饼！因为你抱怨没有机遇、机遇来到你身边的时候你又抓不住，因为你不会抓！因为你的贫穷，所以你自卑！你退缩了、你什么都不敢做！你只会给别人打工！你没有特别技能，你只有使蛮力！你和你父母一样，恶性循环！所以，你永远是一个一直在打工的打工仔！

很多人想把握机会，但要做一件事情时，往往给自己找了很多理由让自己一直处于矛盾之中！不断浪费时间，虚度时光。如：

1.我没有口才——错：没有人天生就很会说话，台上的演讲大师也不是一下子就能出口成章，那是他们背后演练了无数次的结果！你骂人的时候很擅长、抱怨的时候也很擅长、但这种口才是没有价值的口才，看别人争论的时候、自己满嘴品头论足、却不知反省自己，倘若你付出努力练习，你今天是否还说自己没口才？

2.我没有钱——错：不是没有钱，而是没有赚钱的脑袋。工作几年了没有钱吗？有，但是花掉了。花在没有投资回报的事情上面。花在吃喝玩乐上或存放贬值了，没有实现价值最大化，所以钱就这样入不敷出。每月当月光族，周而复始，没有远虑，当一天和尚敲一天钟，得过且过。

3.我没有能力——错：不给自己机会去锻炼，又有谁一出生就有能力？一毕业就是社会精英？一创业就马上成功？当别人很努力地学习、很努力地积累、努力找方法，而你每天就只做了很少一点就觉得乏味。学了一些就觉得没意思、看了几页书就不想看、跟自己也跟别人说没兴趣学。然后大半辈子过去一事无成，整天抱怨上天不给机会。能力是努力修来的、不努力想有能力，天才都会成蠢材。但努力，再笨的人也能成精英。

4.我没有时间——错：时间很多、但浪费的也很多！别人很充实、你在看电视，别人在努力学习时、你在玩游戏消遣虚度。总之时间就是觉得很多余、你过得越来越无聊。别人赚钱了羡慕别人、但不去学别人好好把握时间创造价值，整天不学无术。

5.我没有心情——错：心情好的时候去游玩、心情不好的时候在家喝闷酒，心情好的时候去逛街、心情不好的时候玩游戏，心情好的时候去享受、心情不好的时候就睡大觉。好坏心情都一样，反正就是不做正事。

6.我没有兴趣——错：兴趣是什么？吃喝玩乐谁都有兴趣，没有成就哪来的尽兴！没钱拿什么享受生活！你的兴趣是什么？是出去旅游回来月光族、出去K歌回头钱包空空、出去大量购物回来惨兮兮……打工有没有兴趣？挤公交车有没有兴趣？上班签到，下班打卡有没有兴趣？家里急需要一大笔钱，拿不出来有没有兴趣？借了钱没钱还，有没有兴趣？卖老鼠药的人对老鼠药有兴趣？……

7.我考虑考虑——错：考虑做吧有可能就成了、不做吧好不甘心！一想整天上班也没有个头，还是明天开始做吧！又一想还是算了，这钱挣得也不容易！不不，就是打工挣钱也不容易，决定了不能放弃机会！哎呀、天都黑了，明天再说吧！然后第二天又因为以上1、2、3、4、5、6、7点，因为左思右想、继续循环、最终不能决定。犹犹豫豫、耽误了很多时间、还是一无所获。

有句话是："可怜之人必有可恨之处！"这一生中不是没有机遇，而是没有争取与把握！借口太多，理由太多！争取之人必竭力争取，一分钱都没有也千方百计想办法！不争取之人给一百万也动不起来、发不了财、还有可能一败涂地。这就是行动力的欠缺！喜欢犹豫不决、喜欢拖延、喜欢半途而废、最后一辈子平庸、碌碌无为！还有的人，做事三分钟热度，一开始热情高涨、等会就继续懒散，这种人成功的帽子也不会戴在你的头上。

看看为什么别人身价几个亿，你自己还在为钱奔波！不要羡慕别人命好，别人很困难的时候是怎么坚挺过来的，怎么克服困难、突破自己、改变命运的，你没看到罢了！你看到的只是他成功后的光环！所以你抱怨嫉妒羡慕恨！

人，活着就要有一身价值……

来源：《四川劳动保障》2016年

谢谢他给我这份爱的力量

我有一个超级妈妈，她有个外号，叫气象局，原因是：你根本就不需要知道第二天穿什么，她就帮你想好了。我的朋友小胖，我们两个从小就会一起去上学，那个时候她已经穿上了这个白色的T恤，而我已经开始穿上一个棉袄，比她还要胖，她站在那个楼道那等我的时候会说："哎呀，你这是干啥呀，穿成这样丢不丢人啊！"那我只能告诉她："对不起，你还小，你不懂，世界上有一种冷，叫'你妈觉得你冷'。"

这是我的妈妈，后来上了大学，大学同学给她送了一个外号，叫江湖夺命连环call，为什么？我想问问你们，你们多久会跟家里人联系一次，一天一次可以吗？你们能接受吗？你在摇头好吧，一天三次呢？那肯定不能。我妈妈曾经打破过一天打9个电话的记录。每个电话的内容就是：你在哪儿呢？你吃饭了吗？你回家了吗？记得穿秋裤。

这就是她。但是，尽管这样，我们的关系很和谐，从来没有过特殊的矛盾。所以我的朋友就会说："小溪。你看你多幸福，家里有屋又有田，生活乐无边。"对，说这话的是我的朋友小Q，她从小跟她的爸爸就是武力对决，解决问题，一个女孩子哦。有一次巅峰对决的战果就是：她的鼻梁骨里面还留着当时的骨头渣子。我的另外一个朋友也会说："小溪，你看你多好，妈妈每天还会给你送饭，都是皇家级别的待遇。"对，说这个话的是我的朋友小A，她跟她爸爸见面的次数：第一次还是短发，她第二次就已经长发及腰了。最让人觉得心酸的原因是，她爸爸送走她的时候还会特别客气地说句："那个，慢走啊。"亲爸。

对，我有一个好爸爸，特别的好，他崇尚富养女儿，怎么样姑娘们？听到这个特开心吧，富养意味着什么？我有一个大我九岁的姐姐，从小就开始学唱歌学跳舞，十二岁之前她已经把全世界各地好像都走遍了。然后我爸爸也是个特别好的丈夫。那个时候九十年代吧，他就会主动地给我妈妈买一件两千多块钱的那个翻毛皮的大衣，特别时尚！到现在我的妈妈每天都还在说："你看你爸多爱我。"他也会很爱我，应该，也许，大概，可能……

原因是，在我三岁半的时候，我的爸爸因为是肺癌还是胃癌，我已经记不清了，他就离开了，我就只能偷偷地把他的照片拿到厨房里看，这个男人怎么回事，来了又走了，他人呢？

是我做错了什么吗？你知不知道，你给我带来的这个缺失，是任我后天看多少书，做多少努力都填补不了的。

所以每当我的那些小伙伴们问我“你看怎么办？我又跟我爸吵架了，他又是这样，每天都烦，磨磨叨叨……”的时候，其实我心里特别想打断他们，我特别想问：“哎，你能告诉我，跟爸爸吵架顶嘴是个什么样的感觉吗？”或者说，你能告诉我：“有一天你放学，你突然发现那个高大的身影在那接你回家，那个感觉是什么样子的？”再或者，你能不能给我描述一下：那双大手拉着你，又是什么样的感觉？实在不行实在不行，你告诉我，叫一声爸爸的感觉是什么？

我站在这，说一个我以前从来都不会在众人面前说的话题，揭开我内心的一个禁区给你们，并不是想告诉你们我有多惨，相反。我一点也不惨，我只是想试图去揭开你们心灵上的那层纱，想告诉你们，任我们的亲人发生了什么、他们做了什么，你依旧无法停止爱他的脚步，因为你发现，这种爱是本能，它超越生死。

其实生活有的时候，它特别用心良苦，如果它能的话，它一定会告诉你说：“嘿，宝贝儿，你知道吗？我给你的所有的磨难、折磨，都是在告诉你，你可以变得更好，要知道伤害你的从来都不是事情本身，而是你对事情的看法。”尽管这个帅帅的男人离开了，但是，他其实依旧在，因为我妈妈每天的九个电话当中有一半是在替他打的，就像我能够接受妈妈这种肆无忌惮的爱一样。我也要给她，她缺失的我爸爸的爱。

朋友们，在这个世界上你要知道，也只有他们，是这个世界上唯一到现在还会对你说："过道看着点儿车啊！"他也是这个世界上唯一一个还会对你说："记得吃饭喝水……"他也是这个世界上唯一觉得你穿秋裤漂亮的人。

这就是他们，岁月很长，然而我们能够跟他们相处的时间太短，请你们去理解他，最后我想说觉察。光有爱还不够，因为你必须觉察到他的创伤，他的那份痛，他的隐忍，他的敏感；请你包容他，原谅他，就像现在一样，我依旧感谢这个巨帅无比的男人，谢谢他来到我的生命里，谢谢他给我这份爱的力量，让我可以传递给更多的人。

最后，我想跟你分享每一次看到妈妈给我送完饭，离开的背影，我就想到龙应台《目送》当中的那一句话："所谓父子、母女一场，只不过意味着，你和他们的缘分就是今生今世不断地在目送他的背影渐行渐远。你站在小路的这一端，看着他逐渐消失在小路转弯的地方，他用背影默默地告诉你：不必追。"

来源：刘小溪演讲稿

摆脱内心的恐惧

亲爱的同学们：

大家晚上好！

当有人站在这么一个舞台上，我们很多同学都会羡慕。也会想，也许我去讲，会比他讲得更好。但是不管站在台上的同学是面对失败，还是最后的成功，他已经站在这个舞台上了。而你，还只是一个旁观者，这里面的核心元素，不是你能不能演讲，不是你有没有演讲才能，而是你敢不敢站在这个舞台上来。我们一生有多少事情是因为我们不敢所以没有去做的。

曾经有这么一个男孩，在大学整整四年没有谈过一次恋爱，没有参加过一次学生会班级的干部竞选活动。这个男孩是谁呢？他就是我。

在大学的时候，难道我不想谈恋爱吗？那为什么没有呢？因为我首先就把自己看扁了。我在想，如果我去追一个女生，这个女生可能会说，你这头猪，居然敢追我，真是癞蛤蟆想吃天鹅肉。要真出现这种情况，我除了上吊和挖个地洞跳进去，我还能干什么呢？所以这种害怕，阻挡了我所有本来应该在大学发生的各种感情上的美好。

其实现在想来，这是一件多么可笑的事情，你怎么知道就没有喜欢猪的女生呢？就算你被女生拒绝了，那又怎么样呢？这个世界会因为这件事情就改变了吗？那种把自己看得太高的人我们说他狂妄，但是一个自卑的人，一定比一个狂妄的人还要更加糟糕。因为狂妄的人也许还能抓到他生活中本来不是他的机会，但是自卑的人永远会失去本来就属于他的机会。因为自卑，所以你就会害怕，你害怕失败，你害怕别人的眼光，你会觉得周围的人全是抱着讽刺打击侮辱你的眼神在看你，因此你不敢去做。所以你用一个本来不应该贬低自己的元素贬低自己，使你失去了勇气，这个世界上的所有的门，都被关上了。

当我从北大辞职出来以后，作为一个北大的、快要成为教授的老师，马上换成穿着破军大衣，拎着糨糊桶，专门到北大里面去贴小广告的人，我刚开始内心充满了恐惧，我想这可都是我的学生啊，果不其然学生就过来了。哎，俞老师，你在这贴广告啊。我说，是，我从北大出去自己办个培训班，自己贴广告。学生说，俞老师别着急，我来帮你贴，我突然发现，原来学生并没有用一种贬低的眼神在看我，学生只是说，俞老师我来帮你贴，而且说，我不光帮你贴，我还在这看着，不让别人给它盖上。逐渐我就意识到了，这个世界上，只有你克服了恐惧，不在乎别人的眼光，你才能成长。也正是有了这样慢慢不断增加的勇气，我有了自己的事业，有了自己的生活，有了自己的未来。

回过头来再想一想，最近这几天正在全世界非常火爆的我的朋友之一马云，他就比我伟大很多。马云跟我有很多相似之处，当然不是长相上相似，大家都知道，这个长相上还是有差距，他长得比较有特色。

我们俩都高考考了三年，我考进了北大的本科，他考进了杭州师范学院的专科，大家马上发现，从这个意义上来说，无论如何，我应该显得比他更加的优秀。但是一个人的优秀并不是因为你考上了北大就优秀了，并不是因为你上了哈佛就优秀了，也并不会因为你长相好看而优秀。一个人真正优秀的特质，来自于内心想要变得更加优秀的那种强烈的渴望，和对生命的追求那种火热的激情。马云身上这两条全部存在。

如果说在我们那个时候，马云能成功，李彦宏能成功，马化腾能成功，俞敏洪能成功，我们这些人都是来自普通家庭，今天的你拥有的资源和信息，比我们那个时候要更加丰富一百倍，你没有理由不成功。

当我们要有勇气跨出第一步的时候，我们首先要克服内心的恐惧，因为这个世界上，只有你往前走的脚步你自己能够听见。

所以我希望同学们能够认真地想一下：我内心现在拥有什么样的恐惧，我内心现在拥有什么样的害怕，我是不是太在意别人的眼光，因为这些东西，我的生命质量是不是受到影响，因为这些东西，我不敢迈出我生命的第一步，以至于我生命之路再也走不远。如果是这样的话，请同学们勇敢地对你们的恐惧和勇敢地对别人的眼神，说一声：No！Because I am myself.

来源：《我是演说家》俞敏洪演讲稿

找到属于自己的勇气

Faust校长，校监委员会成员们，老师、校友、朋友、自豪的家长们、管理委员会的委员们，以及全世界最伟大学校的毕业生们！

今天和你们待在一起我倍感荣幸，因为说实话，你们完成了一个我永远无法办到的成就。等我做完这个演讲，这将是我第一次在哈佛大学完成的某件事。2017的毕业班同学，祝贺你们！

我本不可能是站在这里发表演讲的人，不仅仅因为我是一名辍学生，还因为其实我们是同一代人。我作为学生走在这个校园里，也不过是十年前的事情。我们学习过同样的知识，同样在EC10课堂上补觉。尽管我们通过不同的方式来到这里，尤其那些来自Quad园区的同学（The Quad以前是Radcliffe College的女生宿舍。Radcliffe从1879至1977年是哈佛的女性学院，1977年汇入哈佛）；但今天我想和你们分享的是，我对我们这代人的一些想法，和我们正在合力建设的这个世界。

首先，过去几天令我想起很多美好的回忆。

你们当中多少人还确切记得，当初收到哈佛大学的录取通知邮件时在做什么？当时我正在玩《文明》游戏，然后我跑下楼，找到我的父亲，不过他的反应很奇怪，居然开始拍摄我打开邮件的过程。那个视频可能看着挺难过吧。但我发誓，被哈佛录取，是最令我父母为我感到骄傲的事情。

你们还记得在哈佛上的第一节课吗？我上的是计算机121，Harry Lewis老师超级棒。当时我要迟到了，于是抓了件T恤就套在身上，结果直到下午才发现我把它前后里外都穿反了，商标都露在前胸。然后我还纳闷怎么没人理我，除了一个人，KX Jin，他没有在意这些。之后，我们开始组队解决难题，现在他负责Facebook很大一块业务。这说明什么？2017的毕业生们，这说明为什么你们应该对别人友善一些。

但是我在哈佛最美好的回忆，是我遇见了Priscilla（扎克伯格妻子）。当时我刚上线一个恶作剧网站Facemash，然后管理委员会表示“要见我”，所有人都认为我要被赶走了。我爸妈来帮我打包行李；我朋友帮我搞了个告别派对。幸运的事情就在这里，Priscilla和她朋友一起，来到了这个Party。我们在Pfoho Belltower的卫生间外排队时遇见了，接下来发生了一件永生难忘的浪漫事件——我说："我三天后就要被赶出学校了，所以我们需要尽快开始约会。"

事实上，你们所有人都可以使用这个套路。

我没有被开除——我想办法留下来了。Priscilla开始和我约会。你们知道，那部电影《社交网络》说的Facemash对创造Facebook好像很重要似的，并非如此。但是没有Facemash的话，我遇不到Priscilla。她是我生命中最重要的人，所以从这个角度说，Facemash是我人生中做出的最重要的一样东西。

在这里，我们开始结交一生的挚友，甚至有的以后会成为家人。这是为什么我对这里如此感激的原因。谢谢你，哈佛！

今天我想谈谈目标，但是我不是来给你们做一些程序化的宣言，告诉你们如何发现目标的。我们是千禧一代，我们会出于直觉和本能发现目标。相反地，我站在这里要说的是，仅仅发现目标还不够。我们这代人面临的挑战，是创造一个人人都能有使命感的世界。

我最喜欢的一个故事，是约翰·F·肯尼迪访问美国宇航局太空中心时，看到了一个拿着扫帚的看门人。于是他走过去问这人在干什么。看门人回答说："总统先生，我正在帮助把一个人送往月球。"

目标是我们意识到我们是比自己更大的东西的一部分，是我们被需要的、我们需要更为之努力的东西。目标能创造真正的快乐。

今天，你们在这个特别重要的时刻毕业了。当你们的父母毕业的时候，目标很大程度上来自工作、教会、社群。但是今天，技术和自动化正在代替很多工作，社区成员人数也在下降。许多人感到沮丧，感到自己被隔离开来了，同时也在努力填补空白。

当我走过很多地方的时候，我曾和许多被拘留的、阿片类药物成瘾的孩子们坐在一起，他们告诉我如果他们有事可做，参加课后活动或者有地方可去，他们的人生会变得很不一样。我也遇到过很多工厂的工人，他们没法再从事之前从事的工作了，所以试图找到新的能做的事。

为了保持社会的进步，我们身负挑战——不仅仅是创造新的工作，还要创造新的目标。

我还记得在Kirkland House的小宿舍中创造Facebook的那晚。我和我的朋友KX去了Noch。我记得我告诉他，我很开心能把哈佛的社群连接起来，但是有一天，有人会把整个世界都连接起来。

我完全没有想到这个人会是我们。当时我们还只是大学生，对此还并不了解。所有这些大型技术公司都有资源，我只是认为其中一个大公司会做到这一点。但是，我对这个想法很确信——所有人都想和彼此连接，所以我们一直在朝这个方向努力前进。

我知道你们中的很多人也会有类似的故事。你觉得很多人都在改变世界，然而他们并没有，而你会。

但是，光有目标是不够的。你必须拥有心系他人的目标。

意识到这点非常难。我从来没想过创造一个公司，我想要的是创造影响力。越来越多的人加入我们，我假设他们跟我关心的是同样的东西，所以我从来没解释过我到底希望建立什么。

几年来，一些大公司想要收购我们，我拒绝了。我想知道是否能连接更多的人。我们正在建立第一个新闻流，当时我想，如果我们能做到这一点，它可能会改变我们学习世界的方式。

几乎所有人都想让我把公司卖了。没有更高远的使命感，这个创业公司不可能梦想成真。经过激烈的争论后，一位顾问跟我说，如果我不同意出售，我会后悔一辈子。一年左右的时间里，当时的管理层几乎都走了。

这是我在Facebook时最艰难的时刻。我相信我们在做的东西，但是我也感到孤独。更糟糕的是，当时我觉得这是我的错。我在想是不是我错了，一个22岁的小孩，都不知道世界是怎么运转的。

多年以后的今天，我明白了那是因为没有更高的目标。是否创造它取决于我们，所以我们能一起前进。

今天我想谈谈创造一个每个人都有使命感的世界的三种方法：一起做有意义的项目；通过重新定义平等，使每个人都有追求目标的自由；在全世界建立社群。首先，让我们来说说做有意义的项目。我们这一代将不得不面对数千万的工作被机器取代的情况，比如自动驾驶。但我们还有很多事能一起去完成。

每一代都有属于自己一代的作品。比如有超过30万人一起努力，让人类登上了月球——包括那个看门的人；数百万志愿者为世界各地的小儿麻痹症患者打疫苗；数以百万计的人为建立胡佛水坝和其他伟大的项目贡献了自己的力量。

做这些项目的使命，并不仅仅是为人们提供工作，而是让我们整个国家感到自豪，我们可以做一些伟大的事情。

现在轮到我们来做一些伟大的事了。我知道，你可能会想：我不知道如何建造大坝，或者如何让一百万人参与到任何事情中来。

但我想告诉你一个秘密：没有人从一开始就知道如何做，想法并不会在最初就完全成型。只有当你工作时才变得逐渐清晰，你只需要做的就是开始。

如果我必须在开始（Facebook）之前就了解清楚“如何连接人”的想法，那么我就不会启动Facebook了。

或许电影和流行文化会让人觉得被误导，那些想法会出现在一些灵光一闪的时刻，这其实是一个危险的谎言。这让我们感到不满足，因为我们没有了我们自己的行动，它会阻止那些拥有好想法的人去开始。对了，你知道电影当中还有什么是对创新的误解吗？那就是，没有人会在玻璃上写数学公式。那不是什么事。

其实，理想主义是好事，但你要做好被误解的准备。任何为了更大愿景工作的人，可能会被称为疯子，即使你最终获得成功。任何为了复杂问题工作的人，都会因为不能全面了解挑战而被指责，即使你不可能事先了解一切。任何抓住主动权先行一步的人，都会因为步子太快而受到批评，因为总是有人想让你慢下来。

在我们的社会里，我们并不经常做一些伟大的事，因为我们害怕犯错。如果我们什么都不做，我们就忽视了今天所有的错误。事实上，我们所做的任何事情将来都会有问题。但这不能阻止我们开始。

那我们还在等什么呢？ 现在轮到我们这一代人定义“公共事务”的时候了。

在地球摧毁之前，如何阻止气候变化？如何让数百万人愿意参与制造和安装太阳能电池板？ 如何治愈所有疾病？如何要求志愿者跟踪他们的健康数据和分享他们的基因组？ 今天，我们可能要花上50倍的价格去治疗病人，而不是找到一种治疗方法让人类第一时间无法染上疾病。这并不合理，我们可以解决这个问题。 民主现代化如何让每个人都能在网上投票，以及通过个性化教育让每个人都能学习？

这些成就在我们能力范围内是可以实现的，让我们让每个人在我们社会中发挥其应有的作用来做这些事情。让我们做一些伟大的事情，不仅要创造进步，而是要创造purpose。

所以我们可以做的第一件事就是，创造一个每人都拥有使命感的世界。

第二件事是，重新定义平等，让每个人都有追求目的的自由。

我们这一代人的父母，很多在整个职业生涯中都有稳定的工作。但是现在，我们这一代人都是企业家，无论我们是刚开始一些项目还是在寻找，或是已经扮演着这个角色。这都很棒，我们的创业文化恰好是导致我们创造如此多进步的原因。

现在，只要在尝试很多新想法的时候，创业文化就会蓬勃发展。Facebook并不是我做的第一件事，我还做过游戏、聊天系统、学习工具和音乐播放器。我并不孤独，因为JK罗琳在出版《哈利波特》之前被拒绝了12次，即使碧昂丝也不得不写了数百首歌曲，才有了今天《Halo》这首歌获得的光环。最大的成功来自于我们享有失败的自由。

然而，今天，财富不均会让每个人都受到伤害。当你没有自由把你的想法，变成一个历史性的企业的时候，我们就输了。现在，我们的社会在通往成功的路上有过多的指引，但我们做得不够，并不是每个人都能够轻易获得成功。

面对现实吧，我们的社会体系是有问题的，当我能够离开哈佛，并在10年内赚取数十亿美元的时候，还有数百万学生无法偿还贷款，更不用说开始创业。

看，我认识很多企业家，然而我并不知道是否有一个人是因为没有足够的钱而放弃创业。但是我知道很多人不敢追求梦想，因为一旦他们失败，并没有很好的缓冲承托住。

我们都知道，想要成功，光凭一个好想法，或者一个好的工作态度，是远远不够的。幸运也是成功很重要的因素。如果当初，我无法花时间编写代码，而是必须勤工俭学补贴家用，如果我无法承受“万一Facebook不能成功”这一假设，我今天都不会站在这里。诚实地想一想，我们都知道，能够有今天自己是多么的幸运。

每一代人的成长都扩大了平等的定义。前几代人争取投票权和民权，于是他们争取到了有新政和大社会。现在到了我们为这一代人定义新的社会契约的时候了。

我们应该有一个不仅仅凭借GDP这样的经济指标来衡量进步的社会，而是一个每个人都可以找到自己的存在意义和角色的社会。我们应该探索像“普遍基本收入”这样的观念，让每一个人都有机会尝试新事物。每个人都有可能换很多工作，这就要求我们得建立，人人都负担得起的儿童托管保育机构和不约束于就职单位的医疗保健，这样让人可以无负担地去上班。人人都会犯错，所以我们需要一个更少污蔑与束缚的社会。随着技术的不断变化，我们要更多地关注继续教育，活到老，学到老。

是的，赋予每个人追求目标的自由，这并不是免费的。像我这样的人应当为此付费。在你们之中，许多人都会做得很好，当然，你们也有义务去做好。

这也是为什么当初 Priscilla 和我启动了Chan Zuckerberg Initiative，并承诺要我们的财富去促进机会平等。这些是我们这代人的价值。“要不要这样做”从来都不是问题，唯一的问题是“什么时候去做”。

千禧一代已经是历史上最慈善的一代人之一了。千禧一代的美国人在一年中，平均四个人里就有三个人会捐款，平均十个人里就有七个人会为慈善募捐。但这也不仅限于金钱。你也可以奉献你的时间。我在这里向你保证，如果你可以每一两周要花一个小时，去奉献和提供帮助，就会有一个人因此获得帮助，甚至实现他们以前不可能实现的目标。

或许你觉得这太花时间了，我曾经也这么认为。当Priscilla毕业于哈佛后，她成了一名老师，在她和我一起投身教育行业之前，她告诉我，我需要去教授一门课。我抱怨道：“好吧，可是我很忙啊，我得经营Facebook啊。”但是她坚持让我去教课，所以我就在当地的Boys and Girls Club教授了一门关于创业精神的中学课程。

我教他们在产品开发和市场营销中应当吸取的教训，从他们身上，我学到了当自己的种族受到社会关注、或有家庭成员身陷囹圄时的感受。我向他们分享了我读书时的故事，他们分享了对走进大学深造的渴望。五年来，我每个月都会和这些孩子一起共进一次晚餐。其中有一个孩子，为我与Priscilla的第一个宝宝在出生前，举办了宝宝洗礼派对。明年，这些孩子们都要上大学了，是的，他们每一个都要上大学了，而且他们都将骄傲地成为自己家族里第一名大学生。

花一点时间，去帮助其他人，这是我们每个人都可以做到的。让我们通过此举，让每个人都有实现人生目标的自由——不仅因为这样做是正确的，更是因为当人们可以把梦想变为伟大的现实时，我们每个人都会变得更好。

“目标”不仅来自于工作。去实现“让每个人都有活得有目标”的第三种方式是建立社区。而当我们这一代人说“每个人”的时候，我们指的是——世界上的每一个人。

来做一个调查：你们有多少来自美国之外其他国家？你们中有多少人是他们的朋友？看到了吗？我们出生于一个互联的世界。

在最近一项调查中，世界各地的80后90后被要求选择自己认同的身份，最流行的答案不是国籍、宗教或种族，它是“世界公民”。

这是一个标志性的事件。

每一代人都扩大了我们认同的“自己人”。对我们来说，它现在涵盖了整个世界。

回顾历史，历史的车轮总是青睐于更大基数的集体——从部落到城市到国家——来实现我们不能单独做的事情。

我们认为现在最大的机会是全球性的——我们可以成为终结贫穷和结束疾病的一代人。但同时我们也意识到我们面临的巨大挑战也需要全球性的协作——没有一个国家可以单独应对气候变化或预防全球大瘟疫。要想取得进步不能靠单个城市或国家，更是要团结全球社会。

但我们生活在一个不稳定的时期。有人被全球化所抛弃。如果我们对我们自己的生活感到困扰，那么很难在别的地方照顾别人，因为有内在的压力。

这是我们时代的斗争。有支持自由、开放和反对威权主义、孤立主义和民族主义势力的力量，有支持知识流动、贸易和移民。这不是一场国家之间的斗争，而是一场思想的斗争。每个国家的人们都有支持和反馈全球化的人。

这不会在联合国决定。这将在每个地区发生，当我们足够地感觉到我们自己的使命和稳定感，我们可以开始关心其他人。最好的办法是开始建立当地的社群。

我们都从我们的社群中获得意义。无论我们的社群是邻里社区还是运动小组，教堂或音乐团体。他们给我们归属感，我们属于的群体的一部分，我们不是一个人；社群给了我们扩大我们的视野的力量。

这就是为什么这几十年来各类团体的会员人数下降了四分之一的事实是多么需要引起注意！现在很多人都需要在别的地方寻找生活的使命。

但是，我知道我们可以重建我们的社群，因为你们中许多人已经开始行动了。

我遇到了今天毕业的Agnes Igoye，她在乌干达的冲突地区度过童年时期，现在她在训练数以千计的执法人员来保持社区的安全。

我遇到Kayla和Niha，也是今天毕业，他们发起了一个非营利组织，将患有疾病的人与社区内愿意帮助他们的人联系起来。

我遇到了David Razu Aznar，今天从肯尼迪政治学院毕业，他是前墨西哥市的议员，他成功领导了一场运动，使墨西哥城成为第一个通过婚姻平等法案的拉丁美洲城市，甚至比旧金山还早。

这也是我自己的故事。一个宅在宿舍的学生，一次连接了一个社群，然后始终维护它，直到有一天我们连接了整个世界。

改变源于身边。甚至全球性的改变也是源自微小的事物 —— 和我们一样的人。在我们这一代，我们的努力能否连接更多人和事，能否把握我们最大的机遇，都归结于这一点 —— 你是否有能力搭建社群并且创造一个所有人都能有使命感的世界。

校友们，你们毕业于一个无比需求使命感的世界。而怎么创造它由你自己决定。

那么现在，你可能在想：我真的能做到吗？

还记得我前面提到的我在Boys and Girls Club教授的课程吗？有一天下课后，我正和他们谈论大学，其中一个顶尖的学生举手说他并不确定他是否可以上大学，因为他是没有身份的。他完全不知道，大学会不会批准他入学！

去年，在他过生日的时候，我带他去吃早餐。我想送给他一个礼物，所以我问他想要什么，然后他开始谈论他看到的正在挣扎于进入大学的学生，“你知道的，我其实就想要一本关于社会正义的书。”

我被震撼了。这本该是个完全可以愤世嫉俗的年轻人。他不知道他所称之为家乡的，他唯一知道的国家，是否会拒绝他上大学的梦想。但他自己并不觉得遗憾，他甚至都没有想到自己。他有更宏大的使命感，他想要带着大家一起前进。

由于现在所处的情况，我并不能说出他的名字，因为我不想把他置身于危险之中。但是，如果一个不知道自己未来会怎样的高中生，都能为推动世界做出自己的贡献，那么我们也理应对这个世界做出我们的贡献。

在你们最后一次走出这些校门之前，当我们坐在这纪念教堂前的时候，我想起了一段祈祷，Mi Shebeirach，每当我面对挑战时我都会说的，每当我把女儿放进婴儿床里想象着她的未来都会唱到的：

我希望你们也可以找到属于自己的勇气，使你们的生命成为一个祝福。

来源：扎克伯格哈佛2017毕业典礼演讲

从未熄灭的爱和希望

小学四年级时，孙红雷得知，家里要推迟两个小时吃晚饭，因为母亲下班后，要去捡破烂贴补家用。一天，母亲轻言细语地对他说："三郎，你放了学也和妈一起去捡好吗？""不，我要做作业。"他飞快地答道，不敢看母亲的眼睛。这以后，孙红雷开始变得孤僻、沉默。

有一天，孙红雷放学回来，走到二楼楼梯口时，看到母亲正背对着他站在走廊里。"请问，家里有人吗？"孙红雷听到母亲讷讷的声音，几秒钟后那家的门"嘎吱"开了，却很快又"哐当"一声关上了，伴随着没好气的一声："又来借钱？我们没有钱！"孙红雷鼻子一阵发酸……

"走，妈，今天我陪您一起去捡破烂。"一个周末，13岁的孙红雷主动牵起了母亲的手，那天，母子俩直到天色发黑才回家。第一次随着母亲外出做事，孙红雷深深体会到了其中的艰辛。为了捡一个漂在臭水沟里的塑料瓶子，母亲不惜脱了鞋走进发黑的脏水里；在一家书店前见到几张破牛皮纸，他刚捡起来就被老板呵斥："滚！叫花子。"

然而，母亲对此种种却习以为常，脸上始终保持着淡然的微笑。中午，当母子俩坐在河堤边的石头上休息时，母亲竟从口袋里掏出一个橙子，剥开，反复挤压几下，然后掏出一面小镜子，对着它把那些橙汁一点点细致地涂在脸上，看着儿子诧异的眼神，她一边涂一边笑道："橙汁可以美容呢。人家看不起我们不要紧，自己要看得起自己，要爱自己，要让自己快乐。""妈……"那一刻孙红雷震惊了，他目不转睛地看着母亲，无比敬佩。

1995年5月底，孙红雷揣着8000元和一部手机，来到北京报考中戏。700多人参加考试，孙红雷成了唯一的幸运儿。

母亲杨淑英特地来到北京看望儿子。同学们吵着要老人家请客，她高兴地答应了，将孩子们带到学校附近的一家餐馆。由于这些上中戏的孩子家境都比较好，满不在乎地点了不少菜，结果七个人一顿竟吃掉了八百多元。母亲临走时，孙红雷发现母亲居然没有买卧铺。"这么远的路，您省这点钱干吗？"孙红雷急了。

母亲像做错了事的孩子，低下头说："三郎，实话跟你说，妈没钱了。""我给……"话一出口，孙红雷突然意识到，自己手上也只有几十元了，那8000元，吃住加上学杂费，也所剩无几。"对不起，妈。"孙红雷哽咽了。母亲抬起头，苍老的脸却笑成了一朵花："别这样，你这么有出息，妈不知道多高兴呢，妈就是一步步走回去也愿意。”孙红雷紧紧攥着母亲的手，眼泪蓄满了眼眶。

孙红雷跻身一线演员行列后，2004年8月，他特地把父母接到北京，然后将一把钥匙放到了母亲手心：“妈，以后您二老就在这里养老吧，这套房子就算我送给妈的礼物。”母亲像孩子般咧开嘴笑了，笑得那么沉醉……这是一个母亲最幸福的时刻。

2008年春节，大年初七那天，因为高血压、冠心病等并发症越来越严重，母亲在孙红雷的怀里永远地睡着了。

生活还要继续，只是很多人发现，经历了丧母之痛的孙红雷，在演技上有了微妙的改变。以前他扮演的角色都是一味的剑拔弩张、冷硬入骨，而现在，他开始在角色里注入一些崭新的东西。比如《梅兰芳》中邱如白“阅尽天下爱恨”的孤单与收敛，比如《潜伏》中余则成“泰山压顶而不改色”的执着与沉静……孙红雷更成熟了，也更有担当了！2010年9月21日，在第八届中国金鹰电视艺术节上，孙红雷连夺“最佳表演艺术奖”“最佳人气奖”“观众喜爱的男演员奖”三项大奖，成为最大赢家。在万众瞩目下举起奖杯时，孙红雷含泪说了一句发自肺腑的话：“感谢我那天堂里的母亲。”

那一刻，喧哗的现场一片寂静，只有轻轻的唏嘘和哽咽声。在晶莹的泪光中，孙红雷仿佛又看到了母亲在不远处对他温暖地微笑，就像握着从未熄灭的爱和希望……

来源：搜狐网

倔强地活下去

我如何变成了“黑姑娘”

我先问大家一个问题，有谁一年365天，天天被未曾谋面的陌生人骂？举手的这个人现在就站在你们的面前，不过别担心，我今天不是来诉苦的。我是穿着马甲来和大家分享，我是如何被骂大的。

网络对我们再日常不过，但是当你身处网络世界的围攻中，就不再那么轻松。2013年以前，我做梦也想不到，自己会变成网络世界的“黑姑娘”。因为参演了一部电视剧，演技没有达到观众的预期，故事的结局不尽如人意，而被推上了风口浪尖。

让我从一个默默无名的小演员变成了一个被大家声讨的“热门人物”。震惊之余，让自己尽快从虚拟世界中挣脱出来，这是我唯一的出路。我选择在网络声中倒下，就在网络声中爬起来。当我被骂得小有名气的时候，我就暗自思量，反正也是挨骂，不如用最积极的方式迎接骂声。

你骂我，我捐钱

2013年3月3日，我在微博上面发出了一条名为“爱的骂骂”的微博，只要在我这条微博下面留言的，不管是鼓励我的、骂我的，还是随便说说的，我都捐五毛，24个小时，有十万多条留言，捐款金额是50 693.5元，作为北京一家残疾孤儿康复机构的手术费。在这里，我要对每一位留言的人表示感谢，在现实生活中顽强或者残疾的孤儿，其中有一个孩子在手术后的一年，终于有机会可以站起来了，那时候她还不满三岁，当晚看到她第一次站起，我很感动，也很骄傲，这个“黑姑娘”干了一件痛快的事。

是的，我说出了金额，我知道一定会有人说，“捐那么少，还好意思报数！”我相信现在大部分人都不愿意公布捐款金额，因为捐款已经不再是一件随心的行为，而是成为大家根据金额的多少来衡量爱心的大小。

我相信在座的各位也一定有过朋友之间随份子，该给多少才合适的烦恼。我之所以说出来，不仅仅是因为我不觉得随心的行为需要躲闪，更因为“爱的骂骂”是每一个留言人的镜子，当时骂过我的人，也许在两年后的今天听到我说这番话，会想起曾经不太善意的留言，却给了这些孩子们有机会获得新生，这同样值得高兴，其实我们每个人都有不同阶段的新生，不是吗？

“爱的骂骂”发出的那一刻，我如重生般释然了。

虽然不像很多演员那样，拥有令人赞叹的表演才华，自己也觉得不是天生吃这碗饭的，但是既然选择了演员这份职业，我相信，只要通过自己的努力和善待他人，就可以让自己的家人和自己过上幸福美满的生活。

你黑我，我泰然自若

然而这一切，在2013年的夏天，被一句开创演艺界网络暴力先河的“滚出娱乐圈”所动摇，我是第一个被放在主语位置的人，袁姗姗这个名字好像从此和“一无是处”画上了等号，那个时候不管说什么、做什么、演什么都不对，更有媒体总结了“袁姗姗不被观众所喜欢的五大理由”，第一条理由是“没有理由”，这是得有多深厚的感情基础，才能达到的境界。

2013年确实挺让人操心的，从春天到夏天，都没有平静过。一开始我也有些懊恼，不知道到底发生了什么，我既没有不劳而获，也没有做伤天害理的事，为什么让我“滚”？

没多久，我想明白一个道理，谁都可以说我不好，但是自己必须接纳那个心安理得的自己。既然我的演艺生涯要从倒数开始，那我只好的每一点进步都是充满喜悦，从零分到六十分比从满分到八十分，哪个更让人开心呢?

从那个时候，我重拾扔下了多年的小提琴，还有健身，运动让我心情愉快，不工作的时候练琴和健身会让我的每一天都过得很充实，根本没有过多的时间停留在网上，更顾不上网友的围观，我建议那些沉迷于网络的年轻人，每天可以挤出一点时间锻炼身体，当有朝一日被他人欺负的时候，至少可以像我一样，身轻如燕、自由翻滚。

请善用你的语言

作为过去、也许将来还会遭到网络暴力的过来人，我不希望有人因为网络暴力而受到伤害，请善用语言，让人言可敬。

特别感谢在那段特殊时间陪伴我的家人和朋友，感谢他们承受住了一个当时还没有来得及减肥、各方面分量都很重的我。经历了这些，并不是想说明自己有多强大，但确实因为这些切身经历让我有了足够的时间去思考，我曾经问过自己一个问题，如果我当时真的不堪重负，放弃了演员这个职业，是否网络暴力就会消失?答案是，当然不会，既然还是要面对，就应该积极面对。

前不久，我参与了一部公益电影的拍摄，电影传递了一个非常积极的理念：每个人都有自由选择的机会和权利，无论你生下来是幸运还是不幸的，我非常赞同，所以我选择做一个积极快乐的自己，不再受控于网络暴力中，不再只能看到积极的一面。都说做公益是在帮助他人，在我身上成全了一个更加快乐的自己。

电影的名字叫《有一天》，我在这里特别推荐一下，虽然我只参演了电影的一部分，但也给我带来很多启发和感动。这部电影关注了九类特殊儿童群体，我参与拍摄的故事和聋哑儿童有关，跟我一起搭档演出的也是一名聋哑儿童。

拍摄之前我还有些顾虑，我不知道该怎么去跟他交流，我担心会因为自己都不小心的举动伤害到他。但是见面之后，我才发现成年人的世界真的是因为想太多而变得复杂，只要我们保持一颗平常的心，用平等的方式去交流，就不会存在特别的障碍。重要的是你怎么看，而不是他怎么想。

拍摄的那几天，我平静而快乐。每当完成一个镜头，这个小少年都会跟我竖起大拇指示意。他这个小小的举动也提醒了我和我们，有人选择赞美，有人则不！感谢“爱的骂骂”，感谢《有一天》，感谢喝倒彩时刻提醒我的人，感谢一直鼓励我的家人和朋友，我希望能有更多的人可以像我一样主动地从逆境中走出来，这个世界还有很多需要我们关心的事去做，需要我们关心的人去爱，保持自己的真实，倔强地活下去！

来源：袁姗姗TEDX演讲稿